现代武器装备采办科学管理与先进文化

李积源 梁 新 胡 涛 蒋铁军 著

国防工业出版社

·北京·

内 容 简 介

本书主要对现代武器装备发展采办科学管理的基本内容、规律和主要经验教训进行了分析。全书共分四章,第一章主要分析了现代武器装备的基本属性,由于存在这些属性,其发展工作除了必要资源投入外,还必须加强科学管理。第二章从理论和实践相结合的分析中,归纳总结了发展现代武器装备如何做好全系统管理、全寿命管理、全目标管理、全费用管理、全可用性管理、全换代管理、全风险管理、全规划计划管理等,这些科学管理工作,既各有其独立的内涵,又有其内在的联系性。第三章提出了在现代武器装备采办领域应具有乐为文化和先进思维文化,并简述了乐为文化的基本内容。对先进思维文化比较详细地分析了忧患思维、系统思维、效费思维、创新思维、优势思维、优化思维等的基本内容。第四章简要阐述了如何建立现代武器装备科学管理体系,先进的科学管理体系是落实科学管理的保证。

本书适合现代武器装备采办、管理人员、研发人员和科研教学人员使用。

图书在版编目(CIP)数据

现代武器装备采办科学管理与先进文化/李积源等著.—北京:国防工业出版社,2024.8.—ISBN 978-7-118-13416-2

Ⅰ.E144

中国国家版本馆 CIP 数据核字第 2024NX9575 号

※

国防工业出版社出版发行
(北京市海淀区紫竹院南路23号 邮政编码100048)
北京虎彩文化传播有限公司印刷
新华书店经销

*

开本 787×1092 1/16 印张 9½ 字数 138 千字
2024年8月第1版第1次印刷 印数 1—2000 册 定价 72.00元

(本书如有印装错误,我社负责调换)

国防书店:(010)88540777　　书店传真:(010)88540776
发行业务:(010)88540717　　发行传真:(010)88540762

作者简介

李积源:1937年9月生,1962年2月入党,1965年7月毕业于海军工程学院舰船工程系潜艇专业,在校学习期间,每年都被评为五好学员,尤其现代物理学,不但考试成绩名列全校第一,更因对难点问题理解透彻而屡次受到老师称赞。留校后较长时间从事行政、教学和科研管理工作。1987年谢绝组织上提拔重用,专心于新专业建设,曾任副师教员、副教授、教授等职,是海军工程大学管理科学与工程和装备经济管理两个新专业的主要创建者和学术带头人。2003年湖北省首届评选辖区内高校重点优秀学科专业,海军工程大学仅四个专业上榜,管理科学与工程专业的申报材料被认为军事特色显著而排在榜首。

授课深入浅出效果好,尤其是高、中级班的装备管理研讨课,更是受到了高度好评。共培养硕士研究生80余名。曾被聘为总装备部系统研究所特邀装备经济分析专家,海军装备质量可靠性委员会委员,海军装备经济研究中心特邀研究员,南昌陆军学院客座教授,海军工程大学首届专家委员会委员,海军工程大学建校50周年遴选的40余位名师之一,海军优秀教员,曾被多家全国性研究机构聘为研究员,被10多个全国性出版物收入名人录。

发表学术论文150余篇,获奖论文约30篇次,其中《灰色数列预测应用分析》一文由于著名专家的鼎力推荐,获《中国发展研究理论丛书》优秀论文一等奖,中国管理科学研究院"全国优秀社科论文一等奖""全国管理理论创新优秀成果特等奖"等。出版专著有《海军舰船装备管理》《海军舰船装备经济性分析》《海军舰船装备维修费分析》《现代武器装备采办科学管理与先进文化》等,编写教材有《预测原理与方法》《管理决策学》等。负责完成研究课题20余项,其成果在全军装备管理领域应用广泛;作为主要成员获军队科技进步奖和教学成果奖15项。

序　言

本书的著述是作者在长期专业建设中潜心研究的成果。样书印出后,聘请了五位工程院院士、2位大型复杂装备总设计师和三位有关专家予以阅评,马伟明院士、杜善义院士、朱英富院士、印志明院士、何琳院士等一致认为:"《现代武器装备采办科学管理与先进文化》一书阐述了现代化武器装备的属性和特点以及发展的科学规律,分析总结了各军事强国发展现代武器装备的经验和教训,深刻指出了加强科学管理的必要性和重大现实意义,并通过对大量案例的分析,归纳了做好现代武器装备研发科学管理工作的八项具体内容,系统全面,对实际工作有重要参考意义。

"书中提出的现代武器装备采办领域应具有的乐为文化和先进思维文化,符合习近平主席要有文化自信的思想,是一项具有创新性的成果,既有重要理论意义,又有其实用价值,很符合现代武器装备采办科学管理工作的实际情况。

"书中关于建立现代武器装备采办科学管理体系的分析和内容,也是依据客观实际需要提出来的,这是一项不可忽视的对研发现代武器装备具有保障意义的内容,对相关工作有良好的指导价值,可供装备研发有关人员参考,亦可作为相关专业教学与研究用书。特别是在现代武器装备正进入向智能化、无人化的转型时期,全域战、去中心化和分布式战争形态的提出等情况下,该书的出版显得尤为必要。

"总之,该书阐述全面深刻,论理清楚,深入浅出,逻辑性强,语言通俗,很符合实际情况和客观需求,是具有良好专业性、科学性、新颖性、现实性、可读性的一本新书。"

现代大型复杂装备总设计负责人朱英富院士、冷文军总师还强调指出,"作为现代大型复杂装备的总设计师,认为该书的出版显得尤为重要。""该书总体感觉非常好,非常有价值。"

在海军工程大学长期从事海军舰船设计教学和研究工作,并多年担任设计教学研究室主任和舰船工程系主任的卢继汉教授对本书的评语中说:"本书是作者多年教学和科研工作的深入总结,我退休后曾被聘为军事教育刊物《海军院校教育》编审,审阅了数百篇军事教育方面的学术研究论文,对《现代化武器装备采办科学管理与先进文化》一书的三稿都予以了详细阅审,提出了一些修改意见和建议。总体上认为该书内容颇具新意,对现代武器装备属性特点和应具有的科学管理工作分析总结得比较系统全面和客观实际,特别是提出的要进一步做好现代武器装备研发工作应提倡乐为文化和先进思维文化方面的论述,内容新颖且有现实意义。

"全书语言通顺,深入浅出,逻辑性强,既有例证,又有分析和结论,可读性较好,对有关方面是一本颇有价值的新书。"

曾多年担任海军工程大学舰船设计教研室主任,经常参加航母等各类型舰船的审图、评审、鉴定等活动,并承担许多课题研究,曾组织负责400余条军事百科条目编写的仲晨华教授在评语中说:"研究现代先进武器装备出现各类风险是常事,为了弥补武器装备采办中常存在的先天不足,作者跳出武器装备采办管理的常规范畴,向更有内涵的人类精神财富总和——文化领域研究,提出了先进文化的概念。作者在书中,分析了现代武器装备的特性及对管理的要求,阐述了先进文化的属性,提出融合了先进文化的采办管理体系。作者运用乐为、忧患、效费、系统、创新、优势、优化等文化观念用以克服武器装备研制中的复杂性、模糊性、随机性、主观性及其他负面作用等是具有理论和实际价值的,读来使人耳目一新,给人以启迪。该书引入了先进文化,拓宽了应对武器装备存在的各类风险的管理手段范围,是一部具有独到见解的好书。"

具有28年现代先进常规动力潜艇等多个型号舰艇制造监督验收工作经验的郑智敏高工认为:"本书深入浅出地总结了现代武器装备的属性,全面阐述了武器装备管理的基本规律。在总结各武器装备强国发展经验教训的基础上,创新性地提出了乐为和先进思维文化,并将其作为现代武器装备管理体系的组成基础,对我国武器装备的理论研究具有重要引领作用。本人从事装备工作28年,参加了多个型号舰艇的质量监督验收工作。阅读本书后深受启发,本书对装备管理体系建设具有重大指导意义,能够为武器装备研制及管理人员提供全新的工作思路和方法,激励其在工作中积极作为,奋发向上,进一步做好装备发展工作。"

院士、专家签字:

2024 年 7 月

前 言

历史证明,科学技术的发展和经济体制的变化必将对相应的管理工作提出新的要求。20 世纪 80 年代,在武器装备由仿制向研制过渡和经济体制由计划经济向市场经济过渡形势下,有关部门很快发现原先的管理工作已不适应形势变化的需要了,强烈要求有关院校能尽快培养出可承担新型武器装备研发的管理人才。

经海军司令部军校部、海军装备部等单位商定后,将培养海军装备新型管理人才的任务正式下达给海军工程学院(现海军工程大学,下同)。在尚没有制定出教学计划的情况下,于 1986 年招收了首期管理工程专业本科生,同时每年为海军装备部门举办面向在职干部的装备科学管理学习班,为期一个月,以解决急需。海军工程学院领导将这一具体任务落实到了综合性较强的舰船工程系负责,并由时任系副主任李积源分管。为了筹办这一急需的新专业,调研了军队内外 20 多个单位,其中调研的高校有清华大学、北京大学、武汉大学、华中工学院(现华中科技大学)、武汉水运工程学院(现武汉理工大学余家头校区)、国防科技大学、中南大学、哈尔滨工业大学、哈尔滨工程大学、上海交通大学、复旦大学、同济大学、石家庄军械工程学院(现陆军工程大学石家庄校区)等院校相关院系的学科专业,发现可借鉴的经验甚少,仅有部分课程的基础性内容可以参考,这一新专业必须靠自己结合实际需要进行创新建设。

经过查阅大量国内外相关资料,结合海军主战装备发展科学管理客观需要,先后制定了短训班、本科生和硕士生的教学计划,这些初步的计划在实施初期,便得到了较好的反响,特别是短训班的装备科学管理研讨课更是受到了高度好评,参加培训的人员也由海军装备部有关人员扩大到部队的装备管理人员,后来全军各大单位也派人参加。由于教学上的初见成效以及在科研方面取得的新颖成果,海军工程大学于 2003 年湖北省高校首次评选优秀学科专业时,共有 4 个专业上榜,其中管理工程学科专业被认为军事特色明显而排在首位。但后来由于某些原因，该专业很快偏离了正确的发展方向，多年前就被取消了培养发展现代装备管理干部的任务。

由于近年来世界各军事强国都加快了现代武器装备研发的步伐，在继续努力提高机械化和信息化水平的同时，大力发展人工智能等新技术，现代武器装备向智能化、无人化的转型已是大势所趋，在这种形势下，无疑对装备发展和采办科学管理既提出了更高的要求和空前的挑战，也迎来了良好的发展机遇。本书作者结合国内外武器装备研发的实际情况，对曾经讲授和研讨的装备采办科学管理课的内容概括性地进一步系统化和深化，并撰写出版，希望在新形势下，使现代武器装备发展和国防建设领域业内人士能有所参考和帮助。

本书在研究和撰著过程中，海军工程大学近三届主要领导李安校长、沙成录政委、杨波校长、彭涛校长、孙忠义政委等都对本书编著给予了热情支持和关心。应特别指出的是，马伟明院士、杜善义院士、朱英富院士、邱志明院士、何琳院士、冷文军总师等，都对本书给予了充分的肯定，做出了很高的评价。海军舰船设计专家卢继汉教授、海军舰船设计和军事百科专家仲晨华教授、舰船装备管理专家吕建伟教授、潜艇监造验收军代表郑智敏高工等，都对书稿进行了认真审阅，提出了许多宝贵意见，并给予了中肯的评价。管理工程与装备经济系领导和不少同志都对本书编著和出版给予了热情支持和帮助。本书参考了大量资料、各类报道和网上图文等有关内容，作者对上述领导、院士、专家、有关单位和个人一并表示感谢！

李积源
2024 年 8 月 1 日

目 录

第1章 现代武器装备的属性 ……………………………………… 1

1.1 概述 ………………………………………………………………… 1
1.2 现代武器装备的基本属性 ……………………………………… 3
    1.2.1 高技术属性 ………………………………………………… 3
    1.2.2 高集成属性 ………………………………………………… 7
    1.2.3 高可用属性 ………………………………………………… 8
    1.2.4 高效费属性 ………………………………………………… 11
    1.2.5 高风险属性 ………………………………………………… 15
    1.2.6 结论 ………………………………………………………… 17

第2章 现代武器装备发展对科学管理的需求 ………………… 18

2.1 概述 ………………………………………………………………… 18
2.2 现代武器装备研发的科学管理 ………………………………… 20
    2.2.1 全系统管理 ………………………………………………… 21
    2.2.2 全寿命管理 ………………………………………………… 23
    2.2.3 全目标管理 ………………………………………………… 26
    2.2.4 全费用管理 ………………………………………………… 28
    2.2.5 全可用性管理 ……………………………………………… 34
    2.2.6 全换代管理 ………………………………………………… 35
    2.2.7 全风险管理 ………………………………………………… 62
    2.2.8 全规划计划管理 …………………………………………… 64

第3章 现代武器装备采办先进文化 …………………………………… 70

3.1 概述 ………………………………………………………………… 70
3.2 现代武器装备采办乐为文化与先进思维文化 ………………… 73
3.2.1 乐为文化 ……………………………………………………… 74
3.2.2 先进思维文化 ……………………………………………… 101
3.2.3 结论 ………………………………………………………… 128

第4章 建立融入先进文化的现代武器装备采办科学管理体系 ………… 130

4.1 概述 ……………………………………………………………… 130
4.1.1 建立现代武器装备采办管理体系的意义 ………………… 130
4.1.2 现代武器装备采办管理体系的组成 ……………………… 131
4.2 建设现代武器装备采办管理体系 ……………………………… 131
4.2.1 加强理论和文化建设 ……………………………………… 131
4.2.2 建立高效的管理机构 ……………………………………… 133
4.2.3 科学编制管理文件 ………………………………………… 136
4.2.4 建设现代化的管理手段 …………………………………… 138

第1章 现代武器装备的属性

1.1 概述

现代化武器装备机械化、信息化和智能化的发展水平越来越高。近些年来,装备信息化建设已经得到了高度重视和快速发展,而且在几次战争中有了成功的应用。在一些领域,指挥、控制、通信、计算机、情报、监视、侦察(C^4ISR)已日臻成熟,信息技术直接催生了装备智能化时代的到来,人工智能技术在武器装备建设中的应用研究已得到空前重视。所以,现代化装备实际上已是机械化、信息化和智能化的融合,信息化和智能化越先进,对机械化的要求越高,机械化和信息化是实现智能化的前提条件和保证。自动化在许多领域的装备中早有重要应用,并将长期得到重视和发展。智能化与自动化的基本区别在于自动化是代替人按照既定的程序自动工作,智能化是在依据所获大量信息数据经过人工智能算法和算力技术优化生成行动方案,自主做出决策并有效执行。智能化装备大致是由感知系统、决策系统、运动控制系统和执行系统组成的统一体,其中每一项要实现技术成熟,都是很有难度的。人工智能将人的智慧通过软硬件融入装备中,是对人脑功能的仿真,当系统获得大量信息后,就会快速生成所需内容。目前,人工智能技术虽然处于初期研究阶段,但是已经蓬勃开展起来了,并已有大量应用,这是一个具有广阔发展前景的领域。

智能化和无人化是武器装备发展的高级阶段,目前,世界上出现的包括俄乌军事冲突在内的某些先进装备及其战斗,只能算是智能化的雏形。可能要先经过有人和无人装备混合态势下的一体战和分布式作战,再进一步发展,当出现了一定集群规模的空天、空地和空海等一体化的无人战争时,智能化装备和智能化战争时代才算是真正的到来了。与机械化和信息化一样,智能化装备的水平同样会有先进与落后之分,其未来发展中的实际情况很可能是千差万别的,战场上的表现也可能大相径庭。图1-1为智能化战争示意图。

在全球8000多家AI公司中,由OpenAI公司于2022年11月30日公开正式推出的ChatGPT(聊天机器人)被认为具有里程碑意义,是第四次工业革命的标志性事件,其中ChatGPT3.5的神经网络参数达到了1750亿个,有报道称,即将推出的ChatGPT5有10多万亿个参数。大

图1-1 智能化战争示意图

量数据通过神经网络的深度学习优化,如图1-2所示,最终生成人们所需要的答案。据报道,在一些领域,其答案的优秀程度已超过90分。该公司不断推出新款ChatGPT,世界各国许多AI公司纷纷跟进,研究自己的类似产品,且声称都有了实质性进步,可见人们对人工智能研究应用的重视程度。就在2024年2月,OpenAI公司又推出了新成果"文生视频"大模型Sora,该成果被称为AI领域横空出世的跨越式进步。目前,人工智能已快速向更高层次AGI(人工通用智能)领域发展。2024年3月,英伟达公司推出的新款AI芯片,每片有2080亿个晶体管,是前一代的2.6倍。还有报道称,美国国家标准技术研究院联合6家机构研究发现了一种计时微芯片,这将在不少技术领域引起革命性变化。在军事上,装备的研发和作战使用的所有领域,人工智能技术都得到了广泛的应用,2024年5月14日,OpenAI公司又推出了GPT-4o引起了科技界巨大反响,可见发展速度之快。今后必将得到更高度的重视,新技术的不断涌现是必然的发展趋势。有报道称,在俄乌军事冲突战场上,人工智能已得到了初步应用,并取得了一定的作战效能。

总之,现代武器装备的机械化、信息化和智能化水平必将进入新的发展阶段,这都是很概括的概念,现代武器装备不论先进程度高低,具体分析起来,它们都有如下的具体属性:即高技术属性、高集成属性、高可用属性、高效费属性和高风险属性等,由于存在这些属性,便很自然地对科学管理工作提出了相应的高要求。

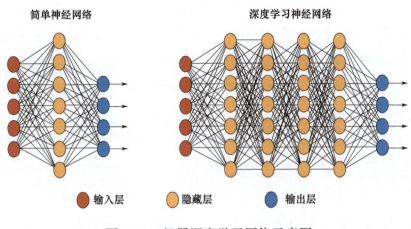

图1-2 机器深度学习网络示意图

1.2 现代武器装备的基本属性

1.2.1 高技术属性

常识告诉人们,要想管好某类事物,必须深刻了解其属性。为了赢得战争的胜利,各国特别是军事强国,都大力追求武器装备的高技术指标,战术技术指标是武器装备最基本的和最主要的属性,是现代武器装备先进程度最主要的标志。众所周知,主战装备中的飞机、军舰、坦克等,包括无人飞机、无人舰艇和无人陆战车辆等,这些装备的主要战术技术指标如速度、机动性、航程、载弹量等,都是越快、越大、越多越好,装甲越坚固越好,针对不同种类装备又有其具体要求,如潜艇潜得越深越好,飞机飞得越高越好。从目前情况看,陆、海、空、天的这些主战装备关于机械化方面的性能似乎已经很难有惊人的发展潜力,虽然投入很大,但效果却没有大幅提高,如图1-3所示的美国福特号航空母舰,最高速度也就略超30节,低于企业号和尼米兹级航空母舰。最先进的驱逐舰的最高航速也就30多节。被称为最先进五代机的F22最大速度也只有马赫数2.25,苏57大概也就是这个水平,F35大约是马赫数1.6,见诸报道的大概就是这个数据范围。有报道说,20世纪美苏冷战时期,美军研制的如图1-4所示的黑鸟高空侦察机SR-71的速度最高达到了约马赫数3.5,升限约3万米,因使用费用高昂和冷战结束,早已全部退役。美军在多年前曾声称要研制如图1-5所示的新型SR-72多用途高空侦察机,声称速度要达到马赫数5,高度信息化和智能化,争取在1小时内可到达全球任何地点执行任务,计划2030年服役。不过,有报道称,其刚提出就遇到了阻力,被有关方面认为风险太大而暂停,但实际上并未就此罢休。有报道称,俄罗斯也计划研制飞行速度大于马赫数4的米格41战机。

图1-3　美国福特号航空母舰　　图1-4　美军冷战时期的SR-71侦察机

　　导弹的速度也是越快越好,目前,各国使用的原有现役导弹,一般来说,地空导弹速度为马赫数2~4,空空导弹为马赫数2.5~4,舰舰导弹为马赫数1.3~2。反导技术出现后,军事强国为了使导弹不被拦截,大力提高导弹速度;为了更有效拦截,也要提高拦截弹的速度。为此,发明了超燃冲压等推进技术,使战术导弹的速度达到了高超声速马赫数5以上,如俄罗斯的匕首机载导弹和图1-6所示的试射舰载锆石导弹,有报道称其速度约马赫数9,已研制成功的如图1-7所示的先锋和如图1-8所示的萨尔马特战略导弹在大气层外飞行可以达到马赫数20以上,但要使导弹在大气层中飞行速度达马赫数15以上,必须有新的相应突破性技术。有报告称俄、美等国已有多项这方面的在研计划,都决心在高超声速导弹领域争取优势地位。

图1-5　美军曾拟研制
SR-72高空侦察机想象图

图1-6 俄罗斯试射高超声速锆石导弹

图1-7 俄罗斯先锋导弹

所以,虽然武器装备发展早已进入信息化时代,并向智能化阶段迈进,但许多机械化方面的性能仍是发展的重要方向,有的还是重中之重,因为这些方面性能是提高武器装备作战能力的敏感因素,是装备先进程度的重要标志之一。如火箭、飞机、舰艇和陆战装备的动力问题,各军事强国都不惜投入重金加大研发力度。估计在相当长的时间内,这方面的工作和技术进步都不会定格在一个时间点上。

图1-8 俄罗斯萨尔马特导弹

各类作战装备机械化方面的性能要求细说起来很多,陆、海、空、天军的主战装备的坦克、舰船、飞机和空天飞机等都是由许多分系统和设备组成的,这些分系统和设备都有其相应的细分性能。以航母为例,一般现代化大型航母若包括舰载机在内,仅机械化方面列入采办规格书中的性能指标保守估计也有数千个,连同信息化、自动化和智能化方面的战术技术指标,细分足有上万个,复杂程度非专业人士可以想象。

装备信息化和智能化的软件和软链接不像传统机械化那样具有明显的可视性,对比平台和机械化设备,虽然体积不大,重量也相对较轻,但构成大都十分复杂,效能强大,比如,大众都熟知的一部智能手机应属于通信方面的信息化设备,其中的零部件就多达一千多个,可想而知,一部舰载、机载的几千万甚至几亿元的雷达、声纳该是多么复杂。一部预警雷达具有探测、跟踪、识别、监视、制导、指挥、控制以及反隐身、反干扰、反杂波等功能,无疑需要大量零部件组成的系统设备才能完成这些任务。一艘现代化驱逐舰有预警、搜索、攻击、敌我识别、炮瞄、导航等多部雷达,通信设备几十部,多部声纳,多部电子战设备以及作战系统等。战斗飞机和舰艇信息化和智能化设备采购费用占总采购费用比例多年来一路攀升,由最初的百分之几上升到百分之三十多,且仍在上升。对智能化的无人舰艇、飞机、陆战装备、天军装备等,这一比例还要高出更多。

智能装备的 IT 和 AI 部分大多由高级芯片、换能器、显示器和软件等组成,而这些零部件价格一般都很昂贵,如英伟达公司生产的芯片 A100 每张约 1.5 万美元(2024 年 5 月报价),H100 每张报价为 2.5~3 万美元。而且从事 IT、AI 的工程师的工资也是很高的,所以,只有批量生产,成本才会降下来。因此,军队采办人员对费用的估算也要跟上装备技术发展的形势。

美苏冷战时期美国海军研发的海狼级核潜艇在作战系统软件开发中,组织了约 200 人用了两年时间,语句达 2000 多万条,而且还拖了进度。保守估计,当时仅这一项开发费用至少一亿美元。图 1-9 所示为在船坞检修中的海狼级核潜艇。

图 1-9 在船坞检修中的海狼级核潜艇

多年来,某些国家在举行海上军演时,美军总是派出侦察兵力收集情报。海上演习不但派出侦察舰机收集有关信息,有时还派攻击型核潜艇隐蔽在水下的安全距离进行侦察活动,目的就是获取对方装备和弹药物理特性的有关情报以及对方演习的战法等,经分析后将这些信息数据化并存储,作为分析对方装备水平的依据;一旦与对方发生军事冲突,这些数据就成了打信息化和智能化战争的支撑。早在 2000 年 8 月 12 日,俄海军在巴伦支海进行联合军演,因库尔斯克攻击型核潜艇携带的鱼雷中的燃料低劣而引起爆炸沉没,118 名艇员全部遇难。俄军的这次演习,美国海军派出了两艘洛杉矶级攻击型核潜艇在演习海域的水下跟踪侦察,这两艘核潜艇侦察声纳都清晰地接收到了库尔斯克号两次爆炸声波及每次爆炸声波的强弱,当这两艘核潜艇在挪威海岸上浮后立即发表了关于侦察爆炸声的声明。而参加演习的俄罗斯驱逐舰的声呐却没有接收到爆炸信号。爆炸沉没的库尔斯克号核潜艇打捞后证明,洛杉矶核潜艇声纳接收到的两次爆炸信号准确无误,这一事例突显了装备信息化的意义,而信息化是智能化的前提条件和基础。具有人工智能技术的现代化武器装备,单从信息和智能部分来说,通常由信息采集与处理系统、知识库系统、辅助决策系统和指令执行系统等组成,自行完成侦察、搜索、收集、处理、攻击、反馈、机动等一系列作战任务,具有反应快、成本低、环境适应性强和效能高等特点。各类装备都将逐步实现智能化,除主战装备外,后勤保障系统、战场支援系统、核生化火防御系统等都将实现智能化,其中可以分解出很多战术技术指标和关键技术。要发展如此先进的作战装备,不仅对技术开发人员提出了更高的要求,同时也对采办管理人员提出了新的挑战。

1.2.2 高集成属性

一型主战装备的基本作战能力是由许多系统、分系统和设备经科学集成后才能得以实现。现代化主战武器装备可以分解出大量的细化技术性能指标,这些技术性能都是为整个装备的总目标服务的,在整个系统中起着不同的但又是必需的作用。这些系统、分系统和设备的有效连接是一个非常复杂的工作,这也是现代武器装备,特别是大型武器系统的一个重要特性。许多系统、分系统和设备在单独测试时达到了指标要求,但经过复杂的集成后往往就会出现问题,发生了不能令人满意的变化,所以,联合调试工作是考验系统、分系统技术状态稳定达标的必不可少的重要工作。集成后的调试常是反复进行的复杂工作,修修改改是随时会发生的,在设计中,经验丰富的设计师对集成接口的处理都格外用心。

比如,对航母来说,其主要的基本任务就是按要求让一定数量的战机按时到达预定空域作战。那么必须开启作战系统,在计划时间内,对出动飞机进行全方位检测,按需要加油,装载弹药,由升降机快速运到飞行甲板就位,弹射起飞,预警机先行升空侦察空域和海上敌情,先行潜航的攻击型核潜艇报告前置海域情况,所有护航舰船都要做好各自对空、对海战斗准备,还要对陆基、天基侦察设备传送来的信息数据进行分析等。具体细节要比这里列出的多得多,复杂得多,如果集成得好,在作战准备和投入战场过程中就会井然有序,一切按预定程序顺利完成任务,一旦哪个环节出了差错,就会影响整个战局。

福特号航母各类粗细电缆有 4200 多千米之长,约相当于 10 个如图 1-10 所示的国际空间站的里程。各系统、分系统和设备的零部件之和 1 亿多个,仅雷达发射机就有 80 多部,可见组成一艘现代化航母的复杂程度,但是只有把这些

图 1-10 国际空间站

经过复杂科学有序集成为一个有效的总系统之后,才能形成应有的作战效能,才是一艘合格的现代化航母。一艘现代化大型航母在战时如果动用 10 多架舰载机编队到 1000 千米远处战区执行打击任务,全舰此时有数百设备和至少 2000 多人为其保障服务,如果把编队其他舰艇和全域一体化作战中的天基、陆基以及后方和前置基地的协同都包括在内,这更构成了一个现代化的作战体系。所有其他作战系统都具有同样的属性,只是系统结构和任务不同。

一枚导弹和鱼雷,也有弹体、战斗部、动力、侦察、搜索、制导、控制等系统,实行察打一体化,再延伸又涉及运输、储存、检测、发射等系统,许多功能强大的智能软件涌入其中,所以,系统集成性强是现代武器装备的普遍特点。

在现代战争中的集群装备,多域、全域和分布式战场中的各种类型装备的互联、互通、互操作,以发挥整体最大作战效能,这实际上是更广义、更复杂的集成,各型装备必须与整体作战系统相适应。

集成性越强越容易出现的问题是,当每个单独模块和设备经验证和测试是合格的,但整合成目标装备后,往往其中的一些环节就会产生某些故障和出现不协调的情况,这也是科学管理必须重视的问题。一般来说,集成越多,系统越复杂,圆满完成研发任务和科学管理的难度也越大。

1.2.3 高可用属性

为了保证研发装备具有规定的可用性,各军事强国都制订有许多技术和管理文件。现代化武器装备对可用性的要求越来越高。长期以来,装备可用

性和可靠性传统指标,如战备完好性、任务成功性、平均无故障时间、平均修复时间等,简单说就是安全故障少、好修、成本低、易操作、使用时间长等,随着装备先进性和复杂性的大幅提高,对这些方面的要求也越来越高,特别是大型复杂先进装备更是如此。

为什么现代武器装备的可用性要求越来越高?主要原因有以下几点。

(1)科学技术的发展为装备可用性的提高创造了条件。近年来,材料技术、制造技术、可靠性技术、维修技术等都有了相当程度的发展,例如,耐腐蚀技术、3D打印技术、即插即用技术、虚拟设计技术、诊断技术、智能自修复技术和可靠民用技术等,都直接和间接有利于装备可用性的提高。

(2)现代化装备的发展投入高。决定发展一型装备,特别是大型主战装备,研发和制造投入的费用巨大。如美国福特级航母,该型号的早期仅研发费用就达31.4亿美元,总采购费用按2013财年计算达到了129亿美元。实际上有些新技术已先期研发,并在尼米兹级最后一艘舰"布什号"上就已采用,还有一些新技术正在研究之中,已赶不上在"福特"号上使用,预期在"福特"级第二艘舰"肯尼迪"号上应用,如果把这些费用都算上,140亿美元也挡不住,应在150亿美元开外。

任何新型主战装备,包括各种主战舰艇、各种主战飞机、天军装备、陆军作战系统等,其经费投入都是很大的数字,大笔的经费投入,如果服役后故障多、不易修复、服役时间短等,这都是发展不够成功的表现,因此,现代先进作战系统必须是买得起、用得起、好操作、故障少、易修复、安全性和机动性好,而且服役时间一定要足够长,才符合现代装备发展的效费原则。如果是弹药类产品,必须在保证性能指标前提下,尽量充分考虑安全储存、易维护、好运输和费用低廉。

(3)研发时间长。一型先进的现代化武器装备,一般来说,研发的时间都比较长,实践表明,具有标志性战术技术指标的跨越式进步,必须要有相应的技术进步做支撑,而这些技术进步又需要创新性设计和试验验证,甚至反复进行。这个过程往往很曲折,时间也很长,比如,美国空军的F35联合攻击战斗机从1993年就开始投入研发,到2006年12月15日才实现首飞,这已经过去了13年时间,虽然首飞被认为是成功的,但此后的研发工作并不顺利,经过多次改进和试飞,直到2016年,A型机才正式下线,还是带着不少问题进入批量生产阶段的,这已过去20多年时间,而舰载型F35C还要往后推迟。更有甚者是激光武器,在人们认识到激光的特性后,20世纪60年代初,美军就开始了应用研究,其间的各种试验从未间断过,现已进入21世纪20年代了,长达半个多世纪,才有试探性的初级产品上舰列装,虽然福特级航母和未来六代机都有装载激光反导武器的计划,但目前仍不成熟。研发十几年、几十年的装备比比皆是,这么长时间才研制出一型装备,列装部队后必须具有很好的可用性,服役时间足够长,否则,难言研发工作的成功。

(4)有了丰富的经验教训。在长期武器装备研发过程中,人们对如何提高可用性已积累了丰富的经验,包括已有了比较成熟的可靠性、维修性和可用性方面的理论方法和措施。特别是在研发早期阶段就提出了这方面的指标和相应的措施,在每个发展阶段,在验证作战技术指标的同时,也必须保证可用性指标不被忽视。现代化装备入列的同时,不但要提供完整的作战使用文件,还要提供成套的维修保障文件和有关随舰随机检测设备等,如使用手册、维修手册、有关维修测试设备和标配的零部件清单等。

武器装备在经过数代发展之后,有一些分系统和设备属于继承性较多或改动不大的部分,其可用性可以做得更好;有的变动很大,但可认为是技术比较成熟的部分;还有一部分技术不是很成熟,但也用上了,这部分是提高可用性的重点,应不遗余力地达标,使之与总体可用性要求相匹配。

美国福特级航母在研发中尽管饱受诟病,但在有的设备可用性方面表现出了很大的进步,比如,新型核反应堆功率密度提高幅度较大,按50年服役年限计算,实现了一次性堆芯,中间不需换料。之前的尼米兹级航母服役期间必须换料,如图1-11所示的福特级航母核反应堆布置简图,而企业号则是多次换料,每次换料结合大修进行,项目多、工期长、费用高。福特级不但节省了费用,还增加了在役时间。但在电磁弹射器、阻拦回收、升降机、多域雷达等方面,直到福特号入列服役时,尚没达到设计可靠性指标要求。

总之,各类装备经过几代更新之后,提高可用性的经验也日臻丰富,设备服从系统、系统服从总体的观念逐步树立,使装备的战备完好性、任务成功性等可用性指标不断提高,服役时间也得以延长,高可用性装备不断出现。但在实际工作中,高可用性仍然是容易被忽视的基本问题之一,做到研发和制造的全过程处处加强可用性管理,这是永远不可忽视的工作。

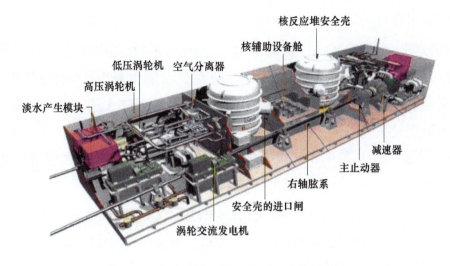

图 1-11 福特级航母核反应堆布置简图

1.2.4 高效费属性

高效费属性是现代武器装备的重要特征,因为研发很先进的装备投入都是很大的,如果投入大,但产出更大,就是作战能力提高更大,总的来说,这就属于高效费装备,最起码研发装备的效能与投入的费用成等比增加。

装备的效能既是一个通俗的词汇,也是一个很复杂的概念,尤其对高科技大型武器系统更是如此。可概括性解释为,装备效能值由三部分内容组成:第一部分是作战能力,由各种战术技术指标组成,如速度、机动性、隐形性、弹药能力、信息化能力、智能化水平等,从静态意义上讲,可经由许多公式科学计算,得出一个足够令人信服的无量纲的能力指数,此指数越大越好,该指数也可以用模拟推演等分析方法得出。第二部分是战备完好率,就是该型装备在正常部署期间内可随时投入战斗的概率。任何一型装备都不可能随时100%处于完好和战备状态,只能有一部分处于这种状态,总会有一部分装备处于在修和待修状态,那么处于战备完好状态的装备数量与该型装备总数之比即为战备完好率,这个比值越大越好,一般可用百分比表示,大多数装备这个概率值在70%左右。第三部分是任务成功性,即对设计的既定作战和使用任务而言,装备在执行任务中无故障,且能够按设计要求发挥战术技术性能成功完成任务的可能性有多大,此指标也是用百分比表示。这个指数可以用静态指数法计算,但很难得出精确值,模拟推演也易掺杂人为因素,逼真一些可用实战演练方法得出,但也很难得出精确值,总之,都只能得出近似的参考值。所以,在实际工作中,要说什么装备和其他装备对抗谁能输赢时,人们总是出言谨慎,特别是对性能相近的装备尤其如此。但是,性能相差悬殊的两型装备对决作战,那肯定是更先进的武器装备取胜的概率更大。

上述讲的三个指数的乘积就是装备的总效能值,无疑这个数值越大越好。这三部分数值都较高,才是高效能的武器装备。

研发先进装备投入的费用问题也是很复杂的。在现代装备发展领域,费用作为第一约束的概念仍需进一步加强。任何一个国家,如果允许武器装备发展领域可以不受约束地制订经费需求计划,那必定是财力无法承担的,所以各国都是首先从宏观上制订武器装备费用限额。当然,这个限额都是经过反复权衡确定的。轮到具体项目时,要根据具体情况制订经费需求计划。

少投入多产出是研发武器装备永恒的主题,人们总是希望研发的项目作战能力大幅提高,而投入的经费却增加不多,这是理想的结果。从总体上讲,要求研发现代武器装备都能做到这一点,但实际上总是有的做得好一些,有的做得差一些。比如,美国海狼级攻击核潜艇,战术技术指标很高,

图 1-12　美弗吉尼亚级核潜艇

最大潜深 630 多米,最大航速大于 35 节,可装载鱼雷和战斧导弹多达 50 枚,水下噪声低于海洋背景噪声等,但价格太高,当时财年的价格为每艘 30 多亿美元,如目前阶段建造,不会低于 40 亿美元。因价格高昂,经过有关方面争取也仅建造了 3 艘,原计划是建造 29 艘,当然还有苏联解体的原因。不得不决定转而研发替代型如图 1-12 所示的弗吉尼亚级核潜艇,该型艇大幅降低了潜深,降低了速度和弹药装载量,但隐形性能没有降低,信息化水平还有较大提高。所以,综合效能降低不是很多的情况下,每艘制造费降为 20 多亿美元,从 V 型开始,中间加长段最多布置 28 个战斧导弹发射筒,如

图 1-13 所示。由于该型艇被认为是高效费属性,受到了美国国防部的表彰,计划连续建造 50 艘。

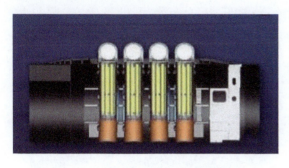

图 1-13 弗吉尼亚级核潜艇中间加长段布置 7×4=28 个导弹发射筒

图 1-14 俄罗斯图 22M3 逆火轰炸机

大体上说,世界上各军事强国够得上高效费属性的装备有:俄军的轰炸机,如图 1-14 所示的图 22M3 和图 1-15 所示的图 160M 战略轰炸机,战斗机苏 35、苏 57、米格 29、米格 31 等,北风之神级战略核潜艇和亚森级攻击核潜艇等;欧洲的阵风和台风战斗机等;美军的尼米兹级航空母舰、DDG51 阿里伯克级驱逐舰、F15 和 F16 战斗机、F/A-18E/F 海军舰载机、X-37B 空天飞机、末代飞机 E-6B 和 EC-130J 等。早期研制的 B52 型远程轰炸机,从 1955 年开始批量生产,共生产有 A、B、C、D、E、F、G、H 八种机型共 744 架,现仍有如图 1-16 所示的 B52H 型 70 多架在役,该机型最早于 1961 年 3 月入列,入役以来,性能稳定,可靠好用。有报道称,美军计划将更便于维修的发动机和更先进的雷达等改换装后,让该型机服役到 2050 年,届时,服役年限已达约 90 年。

图 1-15 俄罗斯图 160M 战略轰炸机

图 1-16 美空军 B52H 战略轰炸机

研发不成功的也不少,有中间被终止的,有勉强凑合的,有型号不断修修改改的,这些都不能算是高效费属性装备。高效费属性装备的共同特点是性能先进或比较先进,可靠顶用,全寿命经费较低或可承受,可批量生产,服役时间较长等。低效费属性的装备有多种情况,总的来说有以下几个共同点:研发中某些重要性能难达标,经费严重超支,屡拖进度,入役后故障多,使用费用高,不够顶用,不能批量生产或仅能小批量生产等。

近年来,美军曾被评出五型研发最差的装备:F35战斗机、如图1-17所示的朱姆沃尔特级DDG1000驱逐舰、福特号航母、如图1-18所示的濒海战斗舰、电磁炮等,它们的共同特点是研发初期调门很高,但投入研发后,主要性能难以如期达标,研发进度一再拖延,费用一再突破计划,实用效果不佳。当然,评价也是动态的和有

图1-17 美国海军朱姆沃尔特级DDG1000驱逐舰

时间性的,有的经过努力改进,克服了存在的问题,仍可成为高效费属性项目,其中的福特级航母的后续舰有希望成为此种类型。有的大概就得换型号了,如美军的朱姆沃尔特级DDG1000驱逐舰和濒海战斗舰等,有的要看具体发展情况了。

图1-18 美濒海战斗舰两个型号:自由级和独立级

总之,效费问题是现代经济学中的一个重要概念,也是发展现代武器装备工作的基本目标,要把这一问题彻底搞清楚,并在发展具体武器装备上体现出来,必须有科学的管理思维。

1.2.5 高风险属性

高风险并不是现代武器装备本身的固有属性,而是在研发和使用中表现出来的问题,这是业内人士都亲身经历和体验到的。到目前为止,人们对研制工作中产生的风险有较多认识,但对投入战场后的使用风险却只有在实战中才能真正表现出来。

1. 研制风险

近年来,在国际上现代先进武器装备研制中不成功和不理想的事例频频出现,研制的装备越先进越复杂,成功完成研制任务的概率越低。人们在制订研制计划时,总是希望把战术技术指标定得高一些,把完成任务的时间定得短一些,经费多要一些。但项目开展后,往往是经费不够用,进度难保证,主要战术技术指标难以圆满实现,暴露了风险的存在。

当然,也有的研发任务完成得不好,遇到了技术难点,性能难以达标,有经费却不知怎么用,这也是管理落后的一种表现。近些年来,美国军界公布的一些称为重大技术突破的标志性主战装备项目,真正做得完美的很少,有些虽然在世界上属于很先进的装备,但也并未达到立项时声称的那么好。如属于五代机的F22、F35,虽然性能属于现今世界先进水平,但领先不多,没有达到如期的先进水平;曾经轰动一时的福特号航母,2005年8月11日开工,2013年11月9日下水,按计划要求下水后就要进入安装舰载设备阶段,但美国政府问责局对该航母研制过程中出现的技术问题进行了审查,认为仍有六项重要技术研制进度滞后,这六项技术是:广域搜索雷达、涡轮电力阻拦装置、电磁弹射系统、先进升降机、改进型海麻雀武器系统和联合精确着舰系统等。而且费用超支,由2006年计划价105亿美元上涨到2013年的129亿美元,服役期也由原计划的2015年9月推迟到2016年2月,结果到2017年7月22日才交付服役,而且还达不到使用部署的水平,继续试验改进,特别是弹射器的可靠性不达标,实际费用不断追加。直至2022年4月5日,才宣布已于2021年年底形成了初始作战能力,实际上仍然没有达到满意的程度,直到2023年夏季单位时间内其舰载机起降架次还达不到尼米兹级航母的最高水平,何时达到比尼米兹级提高20%~30%起飞架次,估计尚需较多时日。福特号航母设计得很先进，综合作战能力比其前型舰尼米兹级航母大幅提高，是美国军方确保研发成功的产品，但迟迟达不到设计要求，估计再经过较长一段时间改进后才会逐步走向成熟，但研制过程多有坎坷，暴露了大量风险，这已经是事实。

经研究可以发现，凡是研发的先进武器装备技术进步跨度比较大，技术储备不足，很多分系统和设备的先进性都同时上马研究的项目，往往都蕴藏着难以察觉的较多隐形研制风险。总体上讲，面对即将投入研制的新型先进装备，人们往往偏向过于乐观估计，而对其中可能遇到的难点往往估计不足，这是武器装备开发新技术中存在的普遍性问题。

2. 作战和使用风险

研发的新型武器装备是要投入作战使用的，大多数武器装备最终都要经过作战使用检验，战场环境很复杂，有的是恶劣的，这往往会影响到武器装备的作战效能。现代武器装备的作战使用是有严格规定的，在设计时就要明确其作战环境和对象，包括采用什么样的战略战术，在设计时也都要考虑周到。但是尽管如此，实际情况往往很复杂，战争的环境、样式和态势千变万化，这就要求依据装备的基本战术技术指标和可用性特点，依据优势原则，从难从严考虑作战使用要求，尽量降低实战风险。如果按设计要求很好地完成了研发任务，作战部队得到的是合格武器装备，再加上训练有素，作战使用中取胜的概率就会更大，也就是作战使用风险较小，否则就会产生较大的使用风险。

把一型新装备说得很好，但在对抗演习特别是实战中的表现却不尽如人意，甚至出乎意料地不达标，这是常有的现象，如美国空军的F22，曾被认为是首款五代机，世界无敌，但有报道称在2012年美国红旗阿拉斯加军演中，德国台风战机和美国F22隐身战机进行了对抗演习，德国台风飞行员四次在近距离空战中，锁定了F22隐身战机。德国飞行员认为，在近距离空战中，台风战机已被证明比F22战机具有更好的能力，其中一名德国飞行员还取笑说，在演习期间享受了一顿"猛禽沙拉午餐"。F22战机研制、建造和使用维护费都很高，性能都没有达到原计划那么好，采购数量一再缩减，后来逐渐低调，并启动了下一代战机的研发。在2022年2月爆发的俄乌军事冲突中，从双方使用的武器装备中也可以发现，双方投入战场使用的不少装备并没有像原先报道的那么神奇，这必然给使用方造成被动，用本书的理论衡量可以发现不少问题。但也有的在战争中刚出现便让人们感到有意外的表现，如曾多有报道的爱国

PAC2 在海湾战争中开了反导作战的先河,当时伊拉克向以色列共发射了 35 枚飞毛腿战术弹道导弹,其中 50% 被拦截,对沙特发射共 33 枚飞毛腿导弹,其中大部分被拦截,在这之前一般公众并不知道还有可以打掉导弹的导弹,爱国者反导系统也从此闻名于世,并招来了一些生意。但实际后来在战场上的表现也并非完美无瑕,且价格昂贵,所以不断改进并研发新系统。因此,一型装备作战效果的优劣,战场是最终的验证,看其是否可靠顶用、费用可承受。

总之,发展现代武器装备存在着研发和使用风险,历史证明,这已是客观规律,这一问题将会永远存在,所以,化解和降低研发和使用风险始终是采办科学管理的重要任务之一。

1.2.6 结论

世界各国特别是军事强国,多年来都在大力发展先进军事装备,尤其是更加重视对现代高科技武器装备的发展,追求高技术和高可用性指标,并加大经费投入,但在发展工作中却不断地暴露出了技术、进度、费用、计划和使用风险。以美国为代表,投入最多,研发计划的项目也最多,制定的战术技术指标也很高。其他国家如俄罗斯、日本、印度、英国、法国、以色列等也都在某些领域加大投入,积极研发现代化武器装备,虽然都可以取得相应的技术进步,但总体上讲,都存在和美国相同的问题,不时有报道称,往往不能达到预期高技术指标和可用性。为什么会出现这些问题,具体分析原因,可以列出许多条,但最基本的原因就是科学管理不到位,美军多年以前就已达共识的一点是:没有科学管理就没有现代化的武器装备。那为什么还会不断出现问题呢?常常做得并不令人满意呢?说明真正把科学管理做到位是一件很不容易的事情。本书将对这一问题予以深入地阐述。

第 2 章 现代武器装备发展对科学管理的需求

2.1 概述

和其他专业一样,管理作为一个专业,也是适应客观形势发展的需要而产生和发展的,目前,很多大学都设有管理工程专业,理工科院校的管理工程专业大多属于工学门类。因为现代武器装备越来越先进复杂,实践证明,要办好理工科军事院校的装备管理工程专业极为困难,最主要的问题是缺乏办学人才。世界上管理专业最早举办于二战后的 1948 年,美国哈佛大学开办了第一期工商管理硕士 MBA 专业。此后,随着经济的快速发展,对该专业人才的需求不断增加,工商管理和经济管理等专业也迅速发展起来了。而对武器装备管理理论方法和人才的需求,直到 20 世纪 50 年代末到 60 年代初才突出表现出来。当时美国陆、海、空军争相发展自己的武器装备,各搞自己的一套,结果不顾风险、重复研制的混乱局面逐步显现出来了。在这种情况下,促使美国国防部不得不进行国防采办的重大改革,启用懂得科学管理的人才,撤掉了一批虽有作战经验但不懂装备研发科学管理的战争年代有功之臣,砍掉了一大批重复研制、低效费比的研发项目,按科学管理理论方法评估和优选研制项目,并制订了成套的管理文件。同时,大力加强采购人员培训,提高采办业务水平,推进采办体制改革和建设,使国防采办工作开始走上了科学管理的轨道。

时任美国国防部长的麦克纳马拉在越战问题上多受谴责,他自己也一再忏悔,但在国防采办改革方面得到了时任总统肯尼迪和国会的肯定和支持,他在国会上关于装备采办改革的证词使议员们为之折服。因为他的这一业绩,卸任国防部长后,被世界银行聘为行长,也很有创新,任职长达 13 年之久。

国防采办的这一重大改革,效果很快体现出来了,20 世纪 70 年代前后,美军研制了一大批具有高效费比的装备,如 CVN-68 尼米兹级航母、CG47 提康德罗加级导弹巡洋舰、DD963 斯普鲁恩斯级驱逐舰、FFG7 佩里级护卫舰、SSN688 洛杉矶级攻击型核潜艇、SSGN726 俄亥俄级弹道导弹核潜艇、B52H 和图 2-1 所示的 B-1B 战略轰炸机、F/A-18 舰载战斗机、F15 和 F16 战斗机、P-3C 反潜巡逻机、KC-130 加油机、SR-71 黑鸟高空侦察机、民兵弹道导弹、战斧巡航导弹和爱国者导弹等，可以说这些产品都是当时美军国防采办改革的重要成果。在具体技术问题上，向电子技术、侦察技术、精确制导打击技术和核能技术等领域推进。后来的实战情况证明，这些新技术的研发也是必要的。

图 2-1　美空军 B-1B 战略轰炸机

但是现阶段的美军国防采办管理的一些改革，与 20 世纪重大改革后的一段时间相比，发展的步伐已表现出不是那么明显的稳健有效，像 CVN78 福特级航母、濒海战斗舰、DDG1000 朱姆沃尔特级驱逐舰、F35 联合攻击战斗机等一些具有标志性的重要型号的研发，总可以发现存在一些草率从事的影子。向外界公布的一些国防研发方面的重要消息，如激光武器、电磁轨道炮的如期部署时间等，总是一再因故推迟。图 2-2 和图 2-3 所示的分别是美军电磁轨道炮试验场和安装在远征快速舰上想象图。还有航天方面的重大计划等，也不能如期完成，这一方面是因为新技术开发赶不上实际应用的需要，有些技术进步遇到了瓶颈。还有一点是不能忽视的，就是国防采办科学管理不够到位，规划和计划缺乏足够的科学性、精确性和可行性，总之，在科学管理上出了问题。

图 2-2　美军电磁轨道炮试验场

图 2-3　美军电磁轨道炮安装在远征快速舰上想象图

武器装备发展的科学管理理论和方法,虽然是一个复杂的课程体系,但总的来说,易学不易懂,这是因为受传统观念影响和实践经验的限制,难以深刻理解;懂了也难以做好,这是因为客观实际情况又有很多不利条件影响。但并非不可能做好,成功的事例也不少,关键是要确实遵循装备研发的客观科学规律开展工作,才能真正把具体工作落到实处,搞好研究工作。实践证明,要真正做好发展现代武器装备工作,必须切实加强科学管理,充分利用这一"无形的杠杆"的作用。

2.2　现代武器装备研发的科学管理

武器装备的发展史表明,在人类社会的历史长河中,当某一些科学原理被发现,或出现了一些标志性的新技术后,新的武器装备也就随之产生了。这些一代一代的新技术的诞生往往被人们称为技术革命。火药的发明和金属加工工艺的进步,促进了火枪和火炮的出现,使人类从冷兵器时代进入了热兵器时代;古典力学的建立和柴油、汽油、核燃料等发明,促使人类制造了各种动力设备,由此产生了武器装备的机械化时代;电子技术和计算技术的广泛深入发展又使装备迈进了信息化时代;信息技术的高度进步,特别是大数据、云计算、物联网、脑科学和感知技术的发展,出现了人工智能科学技术,从而开启了武器装备发展的智能时代。不难看出,每次具有划时代意义的技术革命,都将使武器装备发展步入一个新的时代,也都使新的武器装备更加先进、高效,同时也更为复杂,并对管理工作提出了更高的要求,这是一个客观规律。在信息化高度发展,并已开始步入智能化时代的今天,对科学管理也提出了空前的、更高和更新的要求。

这里有一个重要问题必须进一步明确,这里讲的科学管理主要是指合同中的甲方应付诸的工作,如果项目是武器装备,则是军方的采办管理,这项管理工作与具体承研单位的管理以及技术研究是什么关系呢?军方的任务是项目需求提出者,选择承包单位,制订战术技术任务书、规格书,对研发过程进行监督检查和评估验收,与承包单位共同制定研发规划计划,做好各项决策。军用装备研发管理工作主要是军方采办人员和决策人员的任务,并始终起主导作用。所以,军方采办和决策人员应精通采办科学管理的各项工作,提高采办效果,但基本理论和方法对整个研发系统都适用。

本书将这一问题归纳为8个方面进行分析,这些方面的内容是互相联系的,但各有侧重。在论述中并不重点介绍这些方面的内容细节,因为任一个题目都有一本书或多本书在论述,本书主要分析的是为什么在实际工作中有时做得好一些,而有些项目做得很不能令人满意,如何才能做得更好。

在分析和阐述各个领域的科学管理之前,首先说明一个问题是在这些标题之前都加上了一个"全"字,即:全系统管理、全寿命管理、全目标管理、全费用管理、全可用性管理、全换代管理、全风险管理、全规划计划管理。一方面是强调考虑问题必须全面,因为每项管理工作都很复杂,影响因素很多;更重要的是反映了各方面管理工作的本质属性,是管理对象的客观需求,管理工作只有具备了这种意识才算是具有了真正的科学性。

2.2.1 全系统管理

任何一型现代高科技装备都是一个完整的纵横构型系统,即武器装备系统是一个由既相互联系和影响,又具有特定功能的各个要素组成的综合性事物。系统论、控制论、信息论被称为现代管理学的老三论,新三论是耗散结构论、协同论和突变论,论述的都是现代科学管理问题。系统性是事物本质属性,现代科学管理必须按照事物的本质去管理,系统性也是现代武器装备的本质属性。大型装备系统往往又可以分为若干分系统和设备,实际上每一个设备也是一个系统,甚至还可以再往下分解;在一定范围内的某些武器装备还要求互联、互通、互操作,形成一个复杂、快捷、高效的作战系统。图2-4是多维联合作战示意图。全系统管理就是对多维联合作战装备从研发到使用工作中全系统和各分系统、有关设备中每个要素的作用、相互影响和风险进行评估、决策和控制。做好全系统管理的重要工具是系统工程的理论和方法。系统工程很重要一点是定量化管理,用工程的方法对系统进行科学管

图2-4 多维联合作战示意图

理,而量化管理是科学管理的重要标志,对系统中的各个要素及其影响进行定量化分析、决策、协调和控制,以达到实现全系统总目标的目的。对一个大型复杂系统的研发管理,确是一项很艰巨的工作,大量的实例说明,类似的管理工作难以做得很到位,主要有以下原因:

(1)缺乏牢固的关于全系统的概念,对系统管理的理论方法理解不够,对项目系统性的特点、规律不能够理论联系实际地全面深刻理解,因而难以做到理论联系实际地解决全系统管理问题。

(2)对研发项目缺乏全面、系统的了解,包括项目的系统构成、难点和关键技术,承研单位各方面的具体情况,项目研发过程中可能出现的各种风险等,这就容易导致计划工作隐藏着某些盲目性。

(3)缺乏对历史上同类和相似项目研发经验教训的总结借鉴。国内外武器装备研发的历史已比较悠久,有很多经验和教训均可作为新上研制项目管理工作的参考。

如美军在研发 F35 战机时,起初认为空军型 F35A、陆战队型 F35B、海军航母舰载型 F35C 相同点可达 70% 以上,在初始设计时对 B 型和 C 型考虑不够,实际共同点根本达不到 70%,这一比例明显忽视了三者的区别。兼顾三个系统拼成一个系统设计的结果导致后续工作问题频出,各系统要素之间互相制约和影响,结果是拖延进度,增加费用,不少战术技术性能难以达标,虽然最终的产品仍被认为是属于先进的五代机水平,但却被评为美军研发的最差装备之一,有报道称美国有关方面列出安全和作战能力缺陷多达 800 多处,还有的报道称竟列出了 966 个缺陷,海军型 F35C 迟迟不能上舰,到 2022 年才开始试探性地用 F35C 更换原有舰载机,如图 2-5 所示。问题产生的原因是多方面的,但缺乏全面科学的系统思维和管理无疑是重要原因之一,在此之前,美军已有研发空军型、航母舰载型和两栖攻击舰载型飞机经验,显然没有深入系统分析,似乎一开始就对各自系统特点研究不够深入。由于研制 F35 不成功的深刻教训,在研制六代

图 2-5 F35C 首次在航母上弹射起飞试验

机时,空军和海军舰载型已各自独立进行了。

所以,应联系历史上的经验教训,始终不忘树立全系统的概念,保持发散性思维,理论联系实际地理解和应用全系统的理论,处理好工作中系统性强的实际问题,这是现代武器装备采办管理人员常遇到的课题之一。

2.2.2 全寿命管理

武器装备全寿命一般分为论证、设计、研制、建造、使用保障和退役等阶段。划分各个阶段体现了装备在寿命周期中发展的客观规律,同时也有利于分工管理。装备全寿命管理是由相应的若干部门共同完成的,但分工各阶段管理工作的部门和人员都应贯彻全寿命管理观念,全寿命管理观念是指在任何阶段的任何工作中都要同时考虑到对其他各阶段工作的影响并主动采取相应措施。在发展早期的论证和设计工作中,不但要论证研究和建造阶段技术、费用和进度的可行性,还要论证使用阶段的可靠性、保障性和费用的可承受性以及退役的技术途径和费用等。分工使用和退役阶段的部门则应将使用维修和退役工作中的相关信息反馈到论证设计和研制、建造系统,作为后续同型号生产改进和新发展型号论证设计的参考。全寿命管理本质上也属于系统管理的范畴,是一个纵向的系统管理。

现代武器装备全寿命管理最容易出现如下问题:

(1)过于重视研发项目的立项决策工作,对后续的论证设计和建造中各阶段的困难研究得不到位,而对将来作战使用和维修中的问题考虑得更不够充分。这是长期以来就存在的一个比较普遍的问题,负责前期工作的管理和技术人员往往认为能造就能修,有些设备和零部件,修不好就换。实际上远不是这么简单,根据大数据的统计分析可知,服役 30 年左右的舰船,研制建造费约占全寿命费用的 30%,而使用维修阶段费用约占 70%,这只是考虑正常使用情况下的数据,排除了可能的战损情况。如果是服役期为 50 年的航母,以尼米兹级为例,使用期费用占全寿命费用达 80% 以上。这是费用问题,有的系统设备可靠性和维修性差,不但维修费高,而且修理时间长,在航率低,影响到整个装备的作战使用效能。

对装备发展前期的管理和技术工作中往往容易忽视使用维修阶段的技术

状态和费用需求情况,会导致出现对武器装备买得起用不起的现象。美军在发展电子设备的早期,因当时电子设备投入使用后元器件故障率高导致维修费大幅增加,打乱了修理计划,严重影响装备的正常使用。又如图2-6所示的美军的F22猛禽战斗机,不但建造费过高,按当时的财年

图2-6 美国空军F22猛禽战斗机

达到了每架裸机1.4亿美元,加上研制费共2亿多美元,而且维护费也很高,零部件、机身维护、大修等费用等都过高,有报道说飞行1小时费用近6万美元,所以,美军只生产了195架便把生产线拆了,其中8架为试验机,可见停产的决心多么坚决。美国空军只接收了187架,而原计划是生产750架,美国国防部既买不起,也用不起,甚至计划让技术状态太差的30架退役。

由于对项目的前期工作重视不够和科学分析不到位,问题终将逐渐暴露。为解决武器装备研发项目普遍存在的降性能、拖进度和涨费用问题,美国还特意颁布了《武器系统采办改革法》,并对采办体制进行了多项改革。2009年奥巴马任总统时,美国政府责任局(GAO)组织了一次对重大武器装备采办项目的审查,并发布了评估报告,当时审查的96个重大项目的总成本超过了最初预算额达25%,比最初计划确定的交付时间平均拖延了22个月,有的还没有达到原设计性能。这种情况研发的武器装备交付部队使用也往往问题较多。针对这么严重的问题,美军不得不中止了多个采办项目和削减了部分项目的采购数量。评估报告认为,产生这些问题的原因主要是需求变更频繁、采用了不成熟技术、管理不到位、管理指标计算不准确、执行管理措施不严格等。

对使用维修中的问题也往往容易忽略,这几乎是一种普遍的现象,只是问题的轻重有所不同。为什么容易忽视服役后的工作呢?主要有三方面原因:一是多数人普遍的思维习惯是更重视眼前的事情,较少深入研究长远的事情;二是一般新型号研发早期的任务都很重,前期工作能否如期完成都是问题,客观上更无暇顾及长远的事情了;三是负责研发前期工作的队伍成员一般都不太熟悉使用维修阶段的工作,缺乏对这方面技术的了解和工作经验,这使他们难以在工作中主动地融入使用维修方面的技术特性,似乎有些勉为其难。所

以,有些国家规定,让有使用和维修经验的人参加早期的研发工作,同时,也对负责论证设计、研制建造的管理人员和技术人员进行必要的培训,使他们树立全寿命观念。同时要在有关管理和技术文件中明确规定研发前期工作必须融入某些使用维修方面性能指标,并作为评估考核的重要内容之一,同类装备经过多轮迭代研制之后,全寿命管理工作才会不断完善。

(2) 使用维修和退役中相关信息的重要性易被忽视。实践经验证明,人们总是更多地专注目前阶段的工作。使用维修阶段工作中的许多信息正是论证设计和生产阶段的工作所需要的,如维修可达性、零部件损坏规律、各系统设备使用寿命与总体的匹配情况、设计中规定的维修结构的科学性、系统设备的可测试性、安全性设计、故障诊断设备的可用性、各种修理的难易程度、使用维修人力实际需求情况、各种修理所需工时数及实际费用发生情况等,在人们缺乏对装备全寿命观念的深入了解之前,这些信息往往都在不经意间损失了,实际上这些信息不但对该装备的下次修理有重要价值,对其他同型装备的修理同样有参考价值,特别应重视对同类新型在研装备的可用性设计的重要意义,新型装备的可用性设计中必须有足够的前型装备的这方面信息作为重要依据,要想搞好新型装备的可用性、维修性和安全性设计,前型装备的这方面信息是必不可少的。

同类装备经过多轮更新换代后,对这项工作的意义已逐步被业内人士接受,但是仅靠提高认识和遂行的做法是难以达到预期的,必须建立信息收集、整理、存储、传输的制度和标准规范,并建立现代化的管理手段。

装备发展过程中,必然会有一些全新的系统和设备得到应用,对这些新的系统和设备虽然在设计中会融入一些使用修理方面的内容,但其实际情况仍需在训练和作战使用中进行验证,必然会得到一些新的使用维修信息,这些信息应格外予以重视。

对作战、训练和修理中有关信息的重视和应用得如何,除认识问题外,业务水平、管理制度的完善程度、人员调动更替等都是其中的影响因素。

新型装备投入使用后,经过使用和维修实践,就必然会对其总体以及系统、分系统和设备的维修保障特性有深入的了解,对有利方面可沿袭使用,对维修性较差的部分则要努力改进,装备发展过程中,这方面的事例不胜枚举。

美国尼米兹级航母的主动力系统太过复杂,给维修保养工作造成了很大的困难,在研制福特级新型航母时,设计部门决心大力改进福特级航母反应堆系统和蒸汽系统的设计,在实现 50 年服役周期中实现一次性堆芯,功率增加两万马力,发电能力是尼米兹级的三倍的情况下,优化设计结果,减少了 50% 的阀门、管系、泵、冷凝器和蒸汽发生器,蒸汽系统也减少了约 200 个阀门和相关管系,这些简化设计的结果,大大地减轻了维修保养难度和工作量。

总之,现代武器装备全寿命科学管理关系到投资效益和作战使用的大问题,只有加重前期工作,并在研发全过程都予以重视才能达到预期目的。

2.2.3 全目标管理

武器装备特别是大型武器系统,从属性角度讲,具有多系统、多层次、多单元的特性,亦即具有许多个发展目标,如对一型战斗机,从飞行方面讲,有最大航速、巡航速度、最大航程、最大高度、机动性能等;装载能力方面,有载弹总重量、载弹种类、各类弹药性能等;信息化方面,有探测设备种类、探测距离、探测精度、探测和跟踪目标数、识别能力、飞行员空中感知能力、机队协调能力、自身隐形能力等,还应再进一步细分,如侦察雷达和红外线探测仪又各有若干个性能指标等。还有智能化方面的自主攻防、自主机动等各种自主能力。这些仅是技术属性方面的指标,如果是研发产品,则还有费用指标,可用性维修性指标以及研制进度指标等。大型武器系统的研发是典型的也是复杂的多目标问题,决策学和管理学著述中都对多目标问题的决策和管理问题予以了详细的理论和方法阐述。从教科书范围内的分析似乎并没有多么大的难度,几十个学时就可以解决一门课程,但实践证明,在武器装备发展领域,处理全目标决策和管理问题是非常复杂和困难的。在处理全目标工作中,经常出现顾此失彼,频现短板,难以均衡发展。近年来,国际上不少大型武器系统的研发总是难尽人意,总是看不到理想的优化结果,便充分地证实了这一点。那么,为什么总是出现这一问题呢?从技术层面上讲,主要有以下几个原因:

(1)难以搞清各技术性能之间的关系。处于同一个系统和设备中的各个技术性能之间大多是有相关关系的,有的是强相关,有的是弱相关,有的是正相关,有的是负相关,有的是显而易见的基本问题,容易形成共识。但在装备的整个大系统中的各种类分系统和设备的属性各有特点,要彻底搞清这些技术性能之间的定量关系是很困难的,这也正是装备研发工作中无法回避的难点问题之一。在处理这个问题中最容易出现的是过于强调某个或几个被认为是重要的指标,而忽视了其他被认为是次要或一般性的指标,结果便出现了短板现象。

如对同类型发动机的研发,功率、重量、体积、耗油、寿命等是主要指标,振动、噪声、故障等指标也不能忽视,还有费用、进度等管理性指标,这些指标之间不少都具有矛盾性,必须经过反复优化权衡才能找到一个相对最优方案,任何一个方案都不可能是完美无缺的,完美无缺的方案永远找不到,因为根本就不存在,这也是全目标决策问题的一个基本属性。但相对最优方案是一定存在并可以找到的,关键是要找到各性能之间的定量关系,在科学、现实和需求之间寻求平衡点,这是搞好研发工作的重要原则之一。

(2)分工精细,相互联系不够。大型装备的研发涉及数以十计、百计的专业和单位,关系纵横交叉,常常缺少相互了解是很自然的。如果设计人员不了解设备原材料、零部件和总装的制造水平和性能,虽然设计得很先进,但整机集成后往往难以达到原设计性能,有的设计得很先进,但实际加工制造难度很大,结果就可能使技术性能难以达标,费用超支,拖延进度。如果设计单位和人员对工业部门的材料供应、加工制造水平和测试能力等情况很了解,其设计就可能更为实际。至于所需费用情况,由于行业跨度大,尽管有关部门一再强调,论证设计部门总是难以真正做到重视计算费用工作,尽管多年来关于按费用设计理念一再被强调,但事实证明并非说到就能做到。所以,降、拖、涨的情况屡见不鲜,因此,为了使这些情况能得到实质性改善,一是提高业务水平,二是加强相互联系,确实做到互联互通,信息共享。

(3)到目前为止,优化权衡技术尚不成熟。对全目标问题的优化方案决策分析,虽然有关书籍介绍有许多数学计算公式,但全都是原理性的分析,从理论到复杂装备系统的实际具体应用需要做许多工作,各种方法都有其局限性,在确定各种模糊因素时,主观随意性尤其是低估作战对象的要素等是不可取的。而用科学客观和从难从严的指导思想对待武器装备发展方案的决策才是值得肯定的。

2.2.4 全费用管理

对发展现代武器装备来说,费用是第一约束,这早已成为各军事强国的共识,总体上讲,任何国家都做不到研发现代武器装备的有关方面需要多少经费就提供多少经费。理论和实践都已证明,现代武器装备研发对经费的需求是无止境的,如果缺乏对费用的科学管理,大手笔地盲目投入,非但不能促进装备的科学发展,反而会欲速则不达,甚至使计划陷入混乱局面。

俗话说,一个篱笆三个桩,一个好汉三个帮,现代武器装备研发的这个大平台也有三个支柱,这三个支柱就是技术、经费和管理,这三个基本条件缺一不可,缺少其中一个或其中哪个被弱化了,都将影响到研发平台的稳定性,直接关系到研发工作的效益。其中技术的重要意义不言而喻,但是更先进的技术是怎么来的,那肯定是在研究中产生的,那么是否只要有经费投入就会产生更先进的技术呢?回答是否定的,尤其是对大型复杂系统的研发尤其如此,如领先世界的新型作战飞机、全新的航空母舰、新颖的太空军作战装备、有严格定义的新型无人作战系统等的研发工作,费用的科学计划和投入是保证项目顺利进行不可缺少的条件之一。科学的计划和投入能始终保证项目研发进程中经费需求和供给的平衡,而不会在某几个节点上出现严重的不可控现象。费用有时出现某些微小失衡情况时,可以进行协调解决,大幅度的不平衡往往就要调整技术指标和进度,减少购买数量甚至终止研发等,这些对国防采办来说,肯定是业内人士不愿意看到的,但是这种情况却不断发生。

这是世界性的问题,越是盲目追求装备高性能的国家,这种现象往往越多。在 20 世纪 50 年代,美国国防部新装备研制工作立项情况一度比较混乱,曾立项研制核动力飞机,但项目开展后,很快就发现核动力小型化问题并非易事,用了 10 亿美元,飞机仍不能起飞,再花多少钱和用多长时间能研制成功已难以搞清,结果该项目被终止;还有关于 SR-72 黑燕项目被喊停一事,冷战时期美国空军研发了一种叫作黑鸟的高空侦察机 SR-71,航行速度可达马赫数 3,这已超过了当时防空导弹的飞行速度,升高达 3 万米,有报道称,在执行大量侦察任务中,曾受到许多次导弹的袭击,却没有一架被击落。因为运行费用过于高昂,再加上该型机的作用已有替代产品,美国国防部决定于 1998 年将其退役。由于形势变化,2007年美国空军和美国国防部先进研究项目计划局(DARPA)决定研发一种比黑鸟更先进的SR-72黑燕项目,计划该型高空无人侦察机的飞行速度可大于马赫数5,以替代SR-71,该型机为多用途,可执行指挥、侦察、运输、干扰、打击等任务,可在1小时内到达全球任何地点。该项目上报后,受到一些方面的质疑,认为技术储备不足,经费超支可能性太大,美国国会参议院在审查国防研发项目预算时,将空军和先进研究项目计划局上报初始经费合计1.2亿美元削减到1000万美元,这只能用杯水车薪来形容,尽管美国空军首席科学家马克·刘易斯等人力挺该项目,国防部先进研究项目计划局不得不宣布暂时取消黑燕项目,但实际上并未停止该项目研究。各军事强国因费用太高而减停的项目比比皆是。

做计划时很乐观,费用预算也可接受,项目启动一段时间后,修改设计、降低性能、增加费用和推迟进度的事就开始出现了,尤其是技术前沿项目往往会出现这种情况。如果在可控范围内尚可接受,但最起码不能算是很成功的项目,有的变成了"鸡肋"项目,食之无味,弃之可惜。有的成了不理想却又不得不接收的装备,这是大型复杂装备国防采办中时而可见的现象。英国也是建造和使用航母有历史经验的国家,但在研发如图2-7所示的伊丽莎白女王级新型常规动力航母时也出现了同样的问题,在2007年7月开工时计划两艘舰的总成本为40.85亿英镑,工程进展到2016年时宣布追加15.6亿英镑,达56.45亿英镑,到2020年又增加到62亿英镑之多。2017年12月已达10年工期的伊丽

图2-7 英国伊丽莎白女王号航母

莎白女王号才正式服役,而服役后到真正形成设计作战能力尚有许多工作要做,仍要继续投入费用。英国发展该型航母最初是要安装弹射器的,后来取消了这一项目,舰载战斗机F35B只能短距起飞垂直降落,所以该型航母够不上一型真正的现代化先进航母,只能算是次级航母。

说起印度的超日王维克拉玛蒂亚号航母也有一段这方面的历史,这艘蒸汽动力航母原为苏联第二代基辅级的最后一艘改进型戈尔什科夫上将号,满载排水量48000多吨。苏联解体后,俄罗斯继承了所有权,但多年不运行难免

失修陈旧。印度与俄罗斯在1999年开始交涉该舰的改装购买事宜,当时俄罗斯最初说的是要将该舰送给印度,只是舰体需要维修一下,需资金9.7亿美元,舰载设备购置需5.3亿美元,共15亿美元。经多次交涉后,于2004年印俄两家终于敲定签约,由俄罗斯的北德文斯克船厂负责这项工程。但经过一段时间修理和改装工程后,俄方越来越感到资金严重不足,要追加经费,俄印两军双方多有争执,2008年印方同意追加经费8亿美元,俄方还认为应增加更多经费到25亿至40亿美元,印方坚决不同意这个数额,最后俄方决定于2012年交船后有些后续工程由印方自己继续完成,以后的经费支出当然由印方支付,给后续费用留了一个大尾巴。这件事表明最初俄印双方对改装费用的计算都缺乏深入的研究,导致后来争吵不断,不可能不影响到工程的质量。这场价格官司甚至还打到了时任俄总统梅德韦杰夫那里。

要说有关人员不重视装备费用问题,也确实不是这么回事,毕竟费用是发展武器装备的第一约束,美国国防部早已把费用作为设计中的独立变量。没有哪国政府允许武器装备研发部门敞开花钱,相反都十分认真地从事其经费的预算工作。

美国国防部和海军在发展福特级航母的早期就担心费用突破预算的问题,于是予以了高度重视,成立了研究该型航母全寿命费用的组织,规定了具体任务和目标,甚至还提出了指南性的研究方法。成立的组织是海军一体化费用小组,该小组由项目办公室、海军海上系统司令部航母费用分析和工业工程小组、海军水面战中心卡德洛克分部、费城特遣队等部门的有关人员组成。该小组认为做好这项工作,还需要工业部门参与,因此,成立了海军和工业一体化产品费用小组,参加的单位有航母建造单位纽波特·纽斯造船厂革新中心办公室、舰船费用分析组、其他有关办公室和海军一体化费用小组等,建立这种组织形式的目的是有利于消除航母建造厂、海军项目办公室和其他有关航母费用分析单位之间的障碍,有利于费用信息共享和分析工作的沟通,图2-8所示为建造中的福特号航母。

图2-8 建造中的福特号航母

由于福特级航母高新技术密集,按设计作战能力将大大超过前型尼米兹级航母,但若不采取有效措施控制费用,必将大幅突破预算,使海军费用不堪重负,将会直接影响到该级航母的采办计划。对这一点,美国国防部、海军及项目办公室达成了高度的共识,在组织、计划和执行等各方面都对该项工作给予了大力支持和保证,努力争取在这一重大项目研发工作中实现技术、进度和费用的协调发展,并能在以后的使用、维修和退役工作中,使各项费用也能得到有效控制。

有报道称,一体化小组在这项空前复杂的费用分析工作中创造性地开发了一系列新的方法,收集了约3000万个数据,与前型舰尼米兹级的各项费用做了详细的对比分析,结合当时美国国防部的"渐进式采办"策略和"螺旋式发展"方法,分别对尼米兹级最后一艘舰CVN-77布什号、福特级首舰CVN-78福特号和2号舰CVN-79肯尼迪号的技术和费用情况进行了大量分析研究,因为小组认为CVN-77是渐进式发展的首舰,应将2号舰和3号舰CVN-79企业号一并分析,可见研究工作的系统性和细腻程度。关于CVN-78福特号的初始费用按开工时2005财年计算,开发费用31.4亿美元,采购费用81.8亿美元,总采购费用113.2亿美元,当时很有把握地认为这一数字是科学和可行的。但这一数额到2013年11月下水时已增加到了129亿美元,不少报道说福特号航母的费用是130亿美元,实际上是粗略估计。2017年7月22日交付海军服役时费用已达到了约140亿美元,直到2022年10月才部署到第二舰队,报道说是于2021年12月形成初始作战能力的,估计还需要经过相当一段时间的修修改改才能逐步成为一艘接近设计要求的现代航母,这期间投入的修改测试经费,按惯例也应归入初始投资范围内,这样说来也就远不止140亿美元了,后来到底增加多少费用,也不好意思再公开报道了。

上述事例都有一个共同的特点,就是开始做预算时都很认真,也比较乐观,但研发工作进展到一定进度后就发现技术工作遇到了事先没预料到的问题,也出现了经费紧张的问题,甚至已经无法保证进度和控制费用超额支出现象等。但在一般情况下,人们不会情愿终止项目,于是就出现了在拖进度和超支状态下,甚至适当降性能,维持研发工作。这种事情的发生,必将会对研发工作带来许多不良影响。这些问题是否就不可以解决呢?回答是否定的,但也不是很好解决,下面分析说明这个问题为什么难以解决和如何解决。要实现大型复杂新型武器装备研制费用科学管理,必须解决三个问题:一是彻底弄清费用预算基本理论与方法,二是具有足够的实践经验,三是必须具有相关的大量数据,这三条缺一不可,而最根本的是主要分析人员一定是内行。

(1)认真研究装备研发费用预算的基本理论与方法。新型装备的研发对费用的需求是客观的,而且是有规律的,问题是找出影响费用的各种因素,并能正确地定量分析。研发装备的技术特性是费用需求的决定性因素,新上重大项目新技术多,系统性和集成性强,没有经过充分实验的分系统和设备多,高技术人员需求多,装备系统的规模通常也比较大等,都将对研发费用有更高的需求。一般来说,经过长期发展,新研发的武器装备都是有原型号可作为参考的,技术进步再大,也总有可比性,通过比较各方面的异同及差异大小,就可以找出其变化规律,经过大量的历史数据分析,推算到新装备上,可建立费用估算的数学关系式。数学关系式一般用回归分析方法得出,对得出的数学关系式必须反复推敲检验,这种关系式的多少和精度根据需要确定。这项工作最能体现有关人员的技术水平,应该由熟悉装备、深刻了解装备费用形成机理和有丰富建模经验的人来完成。

(2)有足够的装备费用分析经验。大型复杂新装备研发费用预算和投入是非常复杂的,但再复杂也有规律。在历史上,类似项目的投资经验很重要,什么情况容易超支,什么情况易于平衡,什么情况还可能有所节余等,这些都对新项目的费用预估很有帮助。从丰富的经验中可以总结出一些有用的规律性结论。总之,对高难度复杂新项目费用估算与管理,就必须有足够经验融入其中,否则可能会无从下手,或者盲目相信一些不可信的数据,这都必将使项目研发费用计算失真和造成被动。

准确预算是费用管理的前提条件,对于时间跨度较大的研发项目还要制订年度投资分布计划,以达到按时间节点的费用、进度和技术平衡,这也必须理论和经验结合才能做得更可信。

(3)必须有大量的数据支持。从大数据中可以找出某些规律性结论,费用分析中历史数据越多越齐全越好,但对大量的数据必须经过处理分析后才能用来建模,必须经过去粗取精、去伪存真的细微工作,才能真正找出其中的规律。美国海军在分析新型福特级航母费用需求时,主要是将尼米兹级航母作为母型舰,收集整理了大量数据,经过分析推算到福特级上。工作量很大,系统数据分为三大层次,数据是多方面的。其中舰船级数据近5万条,一级数据为53万多条,二级数据约为450万条,三级数据约为3000万条,足可见数据量之大。经过分析,计算了福特级航母全寿命各项费用、相对可节约费用和前几艘舰的成本。

从首舰福特号大幅突破预算情况看,表明这项费用预算做得并不成功,对福特号航母大量新技术的不成熟度和系统复杂性估计不足,只是对规模的增大和单个系统、设备的费用做了考虑,而没有考虑大量不够成熟的设备经过上舰整合过程可能出现的涨费用问题。

还有就是客观环境因素的影响可能没有分析到位,主要是物价指数变化问题,在有些国家称为通货膨胀率,这是一个影响装备采办费用的重要因素,而且很敏感,特别是在物价指数变化剧烈情况下,会影响到装备采办费的大幅波动。在技术水平基本稳定情况下,在不同年代采购同一型装备,其间物价指数变化幅度是装备采购费增长的主要影响因素。比如尼米兹级航母,1975年服役的首舰尼米兹号按1972财年是5.94亿美元,1986年服役的第4艘该级舰罗斯福号采购成本已达34亿美元,该级舰第9艘里根号于2003年服役,采购成本上升到了45亿美元,如果美国海军于2020年采购技术状态不变的尼米兹级航母估计至少需要60亿美元。虽然尼米兹级航母后续舰也在不断改进,但总体上变动不大,所以,费用的上升主要是通货膨胀造成的,大型复杂装备的价格随物价变化幅度要大于其间物价指数的变化,其中有其科学的规律性。在实际中,采取数据建模后,用数学关系式计算可使精度达到相当可信的程度。福特号航母是由于技术因素和通货膨胀两个主要因素的作用,所以,投入建造后产生了大幅突破原先的预算,是不奇怪的。还有一些其他对费用的影响因素也不能忽视,如人工熟练程度、批量订货情况、管理水平和政策因素等。对于有一定装备管理和费用管理经验的人员来说,这些问题虽不难处理,但处理得恰到好处也并非易事。

在现代装备研发领域,人们都知道费用是第一约束这一准则,但如何科学准确地做好预算和合理投入,还必须做更深入的研究,费用管理的目的就是正确地预算,准确及时投入,有效地控制,达到费用投入、时间进度和技术成熟的同步协调进行,使项目研发真正处于良性发展的有序状态,这是项目成功研发的重要保证。

有一种情况也属于费用管理不善的一种表现,就是难以对项目费用做出科学准确的预算,而是粗略地投入一笔初始费用,在项目进展过程中,走一步看一步,不断地追加费用,不知道未来某些重要技术工序应投入多少费用是正确的,始终是试探性进行研发工作。对装备工程项目的现代科学管理来说,是不允许这么做的,这是落后的管理理念。即使是基础研究和应用研究项目,也要有计划。实践证明,国防重大武器装备采办,采取这种做法的,效果都不好。像印度发展的维克拉马蒂亚号航母以及俄罗斯发展的库兹涅佐夫号航母基本上就属于这种情况,这么长时间也没有达到设计要求的作战能力。

2.2.5 全可用性管理

全可用性管理是在装备前期研发工作中极为重要但又易在前期被忽视的重要问题,研发武器装备的目的是将来使用,所以,在研发中可用性管理的目的就是必须使研发的装备服役后全系统各部分都能做到安全、可靠、顶用、易修、省钱、好学、易操作、服役时间长。弹药类还应具备便于储存、运输等。

可用性指标在装备发展早期就应和战术技术性能指标、费用和进度指标一样得到重视,通过论证设计、加工制造等一系列工作把良好的可用性固化到武器装备中去。经验证明,如果在装备研发早期可用性要求得不到应有的重视,则最终研发装备的可用性很可能不会达标。为了在发展早期就加强全可用性管理,有关方面特别制定了大量规范、标准等管理文件。从装备研发的需求提出,到论证、设计、研制、制造过程中的评审、检验和验收等环节,都要加强管理,在这些环节上反复推敲各种可用性需求是否得到了落实。如在设计中是否通过虚拟优化技术使装备的操作、维修空间通畅;是否尽量采用民用技术使装备部分零部件和材料更易采购和耐用;新研制的系统和设备技术成熟度是否达到了要求,可用性指标是否得到了保证;设计和加工制造中是否做到了较好地应用高性能低成本材料;在满足系统和设备功能要求情况下,简化设计是否得到了落实;标准化设计、模块化设计、安全性设计、测试性设计等是否科学合理;由于研发装备性能的升级,对使用和维修人员的要求是否过高,发明智能手机的乔布斯的一个重要指导思想是即使是傻瓜也能用;在加工制造中,新工艺和新设备的使用是否确实能提高产品质量等。

经验表明,在加工制造中,常有设计更改的情况出现,必须严格按程序审批,通过设计更改,只能使可用性更好,而不能因为忽视标准化等使原设计的可用性下降。研发装备最终是要交付部队使用的,部队官兵最不希望接受可靠性差的装备,易坏不易修,有的长期处于待修状态等,如果是主战武器装备出现这种情况,必将严重影响战斗力。

全可用性管理也应是全寿命概念,新装备交到部队后,其可用性管理的责任主要由使用和维修部门负责,管理得如何效果也不一样。事实表明,如果研发定型后,经检验验证其全可用性评价较高,则使用和维修部门管理起来效果会更好,否则会感到很棘手,可用性不达标的问题一旦固化,在整个服役期间都难以解决。所以,做好前期管理工作是重中之重,研发早期没有解决好可用性问题,把问题带到了使用和维修阶段就更难解决了,实战是最终的检验。如果是个别局部问题,可以通过改换装等办法解决,如果是系统性问题,一般则在整个服役期间都难以解决。

高可用性武器装备是在严格的科学管控下设计和制造出来的。目前,世界各军事强国都异常重视高科技武器装备的研发,而且这种趋势似乎愈演愈烈,在这种形势下,最容易出现过于重视技术性能指标,如快速性、机动性、隐身性、高精度、全天候、高度信息化和智能化等,而可用性却容易被忽视。从近年来美军发展的几型主战武器装备情况看,如福特号航母、濒海战斗舰、F22猛禽战机、F35闪电Ⅱ战机、俄罗斯的库兹涅佐夫号航母等,都突显了这一问题的严重性。像美国这样曾经在武器装备研发管理上处于先进水平的国家,也出现了这么多的问题,足以表明研发的武器装备越先进,系统性越强,全可用性管理工作就越要加强,否则出现问题是必然的。

2.2.6 全换代管理

现代典型武器装备的发展是以一代一代地更迭形式进行的,新的一代除继承一些前代并不过时的成熟技术外,一般都有标志性成熟新技术的应用,使新一代装备先进水平更高,作战和使用能力更强。新一代装备一般要稳定使用一段时间,在这期间,有关部门继续研发新技术,有一些比较成熟的新技术可通过改换装用到当前这一代装备上,但应批次进行,不能一机一换、一舰一样。若重大标志性技术研发成熟后,则可考虑为发展下一代装备作为技术储备。有时新一代装备可能有多项标志性技术的应用,有的当新一代装备已开始研发时,尚有几项技术没有达到应有的成熟度,经验表明,出现这种情况时,应特别慎重,必须严格遵守重要系统设备没有达到应有的成熟度不能进入研发的大型复杂新装备中的原则,如果允许有问题系统设备的应用,则可能后患无穷。只有那些不影响新研发装备总体布局和性能,相对比较孤立的部分,而且经充分科学论证,估计经过努力不会影响研发装备总体部署进度的,才可以设计到新一代装备中去,但必须给出可信的集成诸元。这类装备如军舰上的火炮、部分雷达和通信设备、舰面上的发射装置、部分软件等对总体影响较小时,才可以这样处理。

武器装备科学地更新换代是良性发展的重要体现,也有利于高、中、低档搭配,是装备发展的客观规律,世界上主要军事强国的主战装备大都遵循这一发展模式。强调全换代管理并不是新一代产品什么都要更换,而是强调按新要求全系统重新整合。飞机、军舰、坦克和雷达、导弹、火炮等大都是按着这一模式沿袭发展的,主战装备尤其如此。如俄罗斯的苏系列制空重型飞机先后经过了苏27、苏30、苏34、苏35、苏37和苏57(图2-9)的发展历程,米格系列轻型前线战机经过了米格9、米格15、米格17、米格21、米格23和米格29的发展历程,每一代都有其相对标

图2-9 俄罗斯苏57战机

志性技术进步。目前,世界范围内最先进的一代飞机公认为是F22、F35、苏57等隐形多用途超声速飞机,前代分别是F16、F15和米格29、米格31、苏27、苏35等,强调多用途并达到了超声速航行,再往前一代F14、米格21等,是在原亚声速的一代机F86、米格15基础上发展起来的。F22、F35、苏57几型战机一般称五代机,下一代就是六代机。

由于B2、F22、F35研发得并不理想,因此,对F35进行TR-3升级。美国早已着手研发新型的下一代飞机了,一般称为六代机,并有多国纷纷跟进。多国都对六代机寄予了厚望,不但在航速、武器系统性能、态势感知、隐形方面有较大提升,而且在人工智能、有人和无人搭配方面将改变游戏规则。如英国和

意大利、日本、瑞典联合研发的六代机暴风雨,美军已投入研发的 B21 突袭者轰炸机、空优(NGAD)和舰载机 A/F-X 三型机。图 2-10 所示为印、欧、日、英、俄、美等国家和地区六代机规划图之一部分,以后必会有不断报道六代机的消息。

图 2-10 印、欧、日、英、俄、美等国家和地区六代机规划图之一部分

核潜艇也是一代一代发展到目前水平的。以美国海军核潜艇为例,美国海军攻击型核潜艇第一代是鳐鱼级,第二代为鲣鱼级,第三代为长尾鲨级,第四代是鲟鱼级,第五代是洛杉矶级,第六代是海狼级,前面四代更替较快,到洛杉矶级时已发展得比较成熟,建造数量达 62 艘之多,第一艘从 1976 年就开始服役了,几十年都是美海军水下攻击的主力。图 2-11 为美国核潜艇在北极活动图示。20 世纪 70 年代,正是美苏争夺霸权最激烈的时期,美军为了能在包括北冰洋在内的各大洋对抗苏联的核潜艇,决定研发海狼级攻击型核潜艇,在设计上堪称是一型水下反潜的极致产品,在速度、潜深、隐身性、载弹量、探测能力和作战系统自动化方面,都按当时能实现的最高技术水平研发,并计划建造 29 艘,该级艇的首艇海狼号于 1989 年 1 月开始建造,1995 年 6 月才下水,直到 1997 年 7 月才服役。按 1989 财年计算,29 艘共需投入资金 336 亿美元,平均每艘近 12 亿美元,结果前两艘完工后,平均每艘艇竟出人意料地达到了 24 亿美元,超预算整整一倍。该型艇新技术应用太多,建造中

图 2-11 美国核潜艇在北极活动

缺乏经验,导致问题频发,一再突破预算,进度不断拖延,出人意料的是,正在美军感到难以定夺是否按原计划发展此型核潜艇时,苏联于1991年12月突然解体了,对美国的威胁解除了,美国采办武器装备的经费也骤然收紧,在这种情况下,美国国防部很快决定立即停造价格高昂的海狼级核潜艇,在经过争取后也仅生产了3艘就停建了。

该型核潜艇一直在服役,其中的康涅狄格号于2021年10月在南海活动过程中撞上了不明海底山,这是一次使用中的严重事故,图2-12所示为潜艇撞了海底山后的救助场面。在此之前,洛杉矶级的旧金山号也曾撞过海底山,如图2-13所示。

图2-12 在南海撞到未知海底山后的海狼级康涅狄格号核潜艇救助场面

图2-13 2005年撞到海底山的洛杉矶级旧金山号核潜艇艏部惨状

海狼级停建后,开始转而研发在潜深、航速和重量都有大幅下降的新一代攻击型核潜艇,费用也大幅下降,新研发的核潜艇目标价格只相当于海狼级的一半多一些,这型艇开始称为百人队长级,后来正式命名为弗吉尼亚级。弗吉尼亚级攻击型核潜艇是在洛杉矶级的长期使用经验和海狼级的众多新技术以及教训基础上研发的,进展顺利,被美国国防部认为是研发比较成功的一型重要装备,受到了多次表扬,并决定批量建造,逐步替换退出现役的洛杉矶级。

航空母舰及其编队如图2-14所示,是目前世界上各军事强国陆、海、空军中规模最大、研发难度最高和最烧钱的复杂武器系统。回顾和分析一些国家航母的更新换代历史,可以从中得出哪些规律性的结论,作为研发大型武器装备的借鉴,使在实际工作中不走或少走弯路,这无疑是一个毋庸置疑的重要问题,最值得研究的是美国航母发展中的管理工作。

图 2-14　航母编队

美国在二战后共发展了蒸汽动力福莱斯特级、小鹰级,核动力企业级、尼米兹级和福特级共五代航空母舰。航母去战区执行任务都是以编队阵势行动的,通常配置有巡洋舰、驱逐舰、护卫舰、核潜艇和供应舰。美国发展航母的历史基本是在争论中前行的,成绩不小,也多有坎坷。

美军在二战期间共建造各类航母共 150 多艘,大多为护航航母。建造最多的大型航母是从 1939 年到 1941 年发展的埃塞克斯级达 22 艘,首批满载排水量达到 33000 吨,改装型达 43000 吨,已经使用液压弹射器,最大速度达到 33 节。又于 1943 年到 1945 年造了 2 艘中途岛级航母,满载排水量达到了 59900 吨,改装后提高到 65200 吨。二战时,这 20 多艘航母主要用于对日作战,积累了丰富的作战经验。这两型航母分别于 1969 年和 1992 年全部退役。

1950 年前后,因二战后军费大幅紧缩,美军只能有所为,有所不为,选择重点发展装备。在研发新型航母问题上矛盾尖锐,空军主张发展远程战略轰炸机,海军主张发展 8 艘美国级超级航母。1948 年 7 月 29 日,时任美国总统杜鲁门批准了建造美国级航母的计划。对此美国空军坚决反对,认为这"侵犯"了空军的战力。不久,支持发展超级航母计划的曾任海军部长的国防部长福莱斯特因健康情况恶化于 1949 年 3 月辞职,继任者强森是支持空军计划的,当时陆军也站在空军立场上,强烈反对超级航母计划。纽波特·纽斯船厂已于 1949 年 4 月安放了该型航母龙骨,然而就在 4 月 23 日,国防部长强森在没有事先通知海军和国会情况下,下令取消建造航母计划。这引起了海军高层的愤怒,时任海军部长的苏利文等多名高官宣布辞职,而有报道称福莱斯特则以自杀表示抗议。但并没有因此出现转机,三军出现严重裂痕,海军预算被大砍,不但超级航母计划被取消,而且,8 艘在役的埃塞克斯级航母被砍至 4 艘,10 艘赛班级护航航母被大减至 2 艘,海军航空装备也被大幅缩减,美国海军发展航母处于极为困难时期。1950年8月,海军新型航母发展计划在优先顺序中被排到了第23位,处境十分尴尬。

转机还是出现了,朝鲜战争爆发后,航母的作用很快显现出来,美军顿时感到海上力量特别是航母的缺乏,虽然到处调集和启用已停运的航母,但仍难以满足需要,于是决定重启新航母的发展计划。

1950年10月30日,时任海军部长的马修斯批准了新型航母发展计划,设计工作随即展开。由于该型航母的发展多有坎坷,重启工作格外受重视。由于二战中美军航母的丰富作战使用经验,以及后来技术的发展,使该型航母的设计和制造基本上取得了成功。该型航母首款设计中

图2-15 斜角甲板构型起飞效率高

就采用了如图2-15所示的斜角甲板、蒸汽弹射器和光学着舰系统,被认为是现代化航母的起点。舰载机性能也提高了,航母满载排水量达到了75000吨,增加了弹药和燃油装载量。该级舰共造了4艘,为了纪念力主张发展该型航母而不惜自杀的福莱斯特,美国海军决定该级航母以他的名字命名。

福莱斯特级航母(图2-16)服役后,虽被认为基本上是成功的,但也发现有诸多不足之处,于是从第五艘开始重新设计,虽然在舰型、排水量、主尺度、动力系统等船、机、电主要指标方面没有进行大的改动,沿袭了福莱斯特级航母的主要设计特点,从外形上也看不出有多大变化,但对内部结构重新进行了优化改进,布局更为合理,甲板诸设备也做了更合理的布局,特别是对升降机进行了更新,防空武器、电子设备、舰载机性能等方面也都有了提高。可用性明显改善,被业内人士认为是常规动力航母的先进成熟产品。为纪念1903年莱特兄弟在美国北卡罗来纳州小鹰镇发明并首飞了人类第一架固定翼载人动力飞机,将该级航母命名为小鹰级,首舰为小鹰号。该级航母共建了4艘,直到2009年1月才全部退役,其中星座号被拆解,美国号被试验炸沉,小鹰号和肯尼迪号被封存,于2021年10月拆解。

美军小鹰级航母基本上是与企业号核动力航母同时期并行发展的,20世

纪 50 年代初,美国海军已决定研发核潜艇,被称为美国核潜艇之父的里科弗进行了多方游说。时任美国海军作战部长的谢尔曼认为海军不仅需要核潜艇,还要探讨发展大型核动力航空母舰的可行性,于是马上启动了航母核反应堆研究,并于 1952 年 1 月完成了航母核反应堆的构型研究。但此时谢尔曼去世,核动力航母失去了有力的支持者,造核动力航母的反对派呼声高了起来,于是研制工作暂时搁浅。但在 1954 年 9 月 30 日美国第一艘,也是世界第一艘如图 2-17 所示的核潜艇鹦鹉螺号已正式服役的消息轰动了全球,在该利好消息促使下再度引起了人们对发展核动力航母的关注,在这种形势下,美国海军决定重启核动力航母研发工作,并立即开始初步设计。

图 2-16　美国福莱斯特号航母

图 2-17　美海军研制的首艘核潜艇鹦鹉螺号

随后的 1957 年 12 月美国海军核动力巡洋舰长滩号开工建造,此时,主张发展核动力航母的力量逐渐占了优势。特别是 1957 年 8 月,苏联发射了世界上第一枚洲际弹道导弹,使美国上下为之震惊,为了取得对当时苏联的更多军事优势,美国海军当即决定将建造核动力航母列入 1958 年的造舰计划,并于 1961 年 11 月服役,命名为如图 2-18 所示的企业号。该航母最主要标志是核动力,8 座反应堆,16 台蒸汽发生器,仍沿袭以前航母的 4 轴 4 桨,但航程大大增加,加一次核燃料在 20 节航速下可航行 40 万海里,而

图 2-18　美海军首艘核动力航母企业号

常规动力航母这一指标仅在 1 万海里左右。满载排水量达到了 94000 吨,最大航速可达 35 节,这意味着持续作战能力大为提高。但美中不足的是采购费太高,当时企业号预算造价为 4.5 亿美元,而小鹰级为 2.6 亿美元,时任国防部长的麦克纳马拉根据效费原则,决定停造核动力企业级航母,继续建造常规动力小鹰级航母,所以企业号航母代号为 CVN65,后来的尼米兹级核动力航母首舰代号为 CVN68,中间的 66 和 67 两个代号给了继续建造的蒸汽动力小鹰级多用途航母美国号 CV66 和肯尼迪号 CV67。

麦克纳马拉主持了著名的 20 世纪 60 年代的美国国防采办管理改革,这个有着加州大学伯克利分校哲学和经济学双学位以及哈佛大学 MBA 学位的人,被总统肯尼迪任命为国防部长,他的国防采办指导思想核心是效能费用分析理论,当时陆、海、空军向他报告研发新型装备时,他往往张口就问:效费比怎么样?在这一思想指导下,他认为企业号核动力航母虽有明显长处,但由于采购价格过于昂贵,还不如采购价格几乎便宜约一半而技术也比较成熟,且装备规模和作战能力不差多少的小鹰级常规动力航母。所以,在建造了企业号核动力航母后,又决定分别于 1961 年和 1964 年建造了小鹰级的美国号 CV66 和肯尼迪号 CV67。麦克纳马拉根据当时的军事形势还进一步质疑航母过快的发展形势,致使第二次世界大战时期建造的航母埃塞克斯级逐渐退役而使当时航母数量降到最低时的 9 艘,原计划是要维持 15 艘。

形势发生了变化,1965 年越战爆发,美国国防部与国会很快意识到了核动力航空母舰具有无与伦比的持续作战能力和全寿命成本效益的重要意义。麦克纳马拉也承认了基于战争经验,发现建设和维护一个地面航空基地所需的成本,与使用一艘航空母舰相当,而航空母舰还有地面基地所不具备的可远程机动的优势,根据需要可以停泊到更安全的公海上。于是麦克纳马拉在越战爆发后的第二年,即 1966 年在他的效费理论指导下做了一个新的决定,批准美国海军保有 15 艘航空母舰的规模,并决定从 1967 年开始让美国海军发展三艘新型核动力航空母舰。于是,继企业号核动力航母之后,美国海军第二代核动力航母的研发工作正式启动了。看来,对一型装备的作战效费评估由于需求变化而具有动态性。

二战及以后一段时间内,美军航母分为攻击型 CVA 和反潜型 CVS,发展新型航母时将两者进行了综合,用 CV 表示,多用途核动力航空母舰用 CVN 表示,所以,尼米兹级首舰为 CVN68,到目前就一直沿用这个称谓和排序。为纪念二战时期曾担任美海军太平洋舰队海军司令和太平洋战区盟军司令的尼米兹,特决定将该级航母以他的名字命名,该级核动力航母的其他舰只都是以美国历届总统的名字命名的。

决定研发第二代核动力航母之后,在该级舰的初步设计研究阶段,有关部门列出了 60 个方案供优选。首先争论的是采用几座核反应堆,核动力权威人士海军反应堆办公室黎高弗认为从安全考虑用 4 座核反应堆最好,一座故障还有 75% 功率,如果用 2 座核反应堆,一座故障就只剩一半功率了,这太少了。但按当时技术条件考虑,堆多不但初次装填核燃料成本高,每次装填核燃料后的炉芯寿命也是堆少寿命高。这件事最后还是由麦克纳马拉定夺采用双堆构型,这样每座反应堆必须高达 13 万马力功率才符合最低要求,两座反应堆共 26 万马力,低于企业号和小鹰级的总功率 28 万马力,其最大航速只能达到 30~31 节,低于企业号的 35 节和常规动力福莱斯特及小鹰级的 33 节,但麦克纳马拉认为这更符合效费原则,只是这一决定对海军反应堆办公室及相关实验室、厂商都是一个很大的挑战。不过,由于反应堆数量的减少却腾出了不小的空间。整体而言,尼米兹级的整个航空相关容量为 1.5 万吨,比企业号增加近 50%,比小鹰级增加近 80%,使整个航空作业效率提高不少,航空弹药携带量是从企业号的 1800 吨提高到了近 3000 吨,航空用燃油装载量也增加了,所以,虽然牺牲了一点航速,但也换来了其他方面的一些好处,总的评价还是堪称为十分成功的设计。为了防止核推进失效,四轴各配置了一个功率 8000 千瓦的柴油机作为应急时备用。

美军尼米兹级航母发展的时间跨度到目前已达 50 多年之久,从首舰尼米兹号于 1968 年开工建造,到最后一艘老布什号于 2009 年服役。其中细分还经历了三个批次,第一批次是前面分析的尼米兹号 CVN68、艾森豪威尔号 CVN69 和卡尔文森号 CVN70;第二批次的第一艘舰是罗斯福号 CVN71,接下来的两艘是同时订货的,当时财年合计 65.6 亿美元,分别是林肯号 CVN72 和华盛顿号 CVN73,还有两艘是斯坦尼斯号 CVN74 和杜鲁门号 CVN75;第三批次是里根号 CVN76 和 CVN77 布什号。后续两个批次都是在总结了以前各型航母的使用经验教训基础上进行了改良性的进一步优化设计建造的,主要是可用性和作战效率更高了,最后一艘使用了一些下一代福特级舰的试验性设备,带有过渡舰性质。

尼米兹级是研发早期经过激烈争论和总结了前几型经验教训基础上进行了比较充分的优化设计,经过长时间使用维修、有实际战争经验、有三批次经过改良性设计的具有典型性的一代大型多用途航空母舰。首批采用的两堆四轴构型一直保持到最后一艘,并延续到福特级,总体结构也没有改变。首批两艘舰满载排水量91500吨,舰载设备、舰载武器系统和电子设备等都进行了改进和融合,可靠实用的指导原则很明确。在飞机出动效率方面精心策划,按设计要求,理想情况下,开战首日上半天可出击120架次,前四天保持每日230架次的出勤率,两波机队间隔90分钟。在1997年,尼米兹号在一次演习中四天内出动了771架次,平均每日出动193架次。2002年阿富汗战争中,参战的数艘尼米兹级平均出勤率为每日90～100架次,2003年伊拉克战争中则是120～130架次。由于精确制导的进步,舰载机的攻击效率也大幅增加了,在2001年时,一艘航母的攻击机联队每日能攻击683个瞄准点,到2010年时,每艘航母的攻击机联队每日能攻击1080～1200个瞄准点,表明了技术的进步和效率的提高。

在做好防火和损管的安全性设计方面,充分吸取了二战后星座号、奥里斯坎尼号、福莱斯特号、企业号重大火灾事故教训,设计工作格外用心。

20世纪60年代,美国曾有4艘航母在使用和建造中发生了严重的火灾事故,造成了重大损失,得到了惨痛的教训。

1966年10月26日,埃塞克斯级的奥里斯坎尼号航母正准备派出飞机轰炸越南沿岸,有关人员都在各就各位地忙碌着。早上7时27分,由于对一枚信号弹的拉线处理不当引起了一场大火,随后一连串的火灾发生,经过38个小时才将火势控制住。这场火灾造成了44人死亡,41人受伤,4架攻击机被毁,2架直升机损坏,舰上的机库、舱室、弹射器、升降机等设备都遭到了严重破坏,图2-19和图2-20是关于航母火灾前后的图片。后来驶向苏毕克湾基地小修,又回到美国本土进行了彻底修理后才又重新服役。

图 2-19　奥里斯坎尼号航母
事故发生前繁忙的飞行甲板

图 2-20　奥里斯坎尼号航母
火灾远景图

1967年7月29日,刚进行大修和改装后的福莱斯特号航母,如图 2-21 所示,在北部湾距越南沿岸60海里处,该舰已弹射起飞了一波飞机后,第二波飞机正准备按程序起飞时,10时30分,飞行甲板尾部突然出现了火焰,火焰的产生是由于一枚空地导弹意外发射击中了另一架飞机的油箱,或是导弹尾焰引燃了漏在甲板上的燃油,说法不一。随后火势迅速蔓延,扑救工作很不顺利,在附近其他舰船支援下,经过10个小时奋力扑救,火势才开始沉寂,经过整整一昼夜才完全熄灭。图 2-22 展示了福莱斯特号航母救火现场。这场火灾造成了134人死亡,62人受伤,26架飞机烧毁,40架飞机损坏,相当一部分设备损坏严重,该舰属二战后美军发展的第一代大型航母,满载排水量近80000吨,共有10层甲板,从上往下有6层遭到破坏,厚度达45毫米厚的飞行甲板被过时的航空炸弹引爆炸开了7个裂口,有的裂口很大。据该舰一名军官回忆,在第二次世界大战中,日本的"神风"飞机也不曾让航母遭到如此严重破坏,这次事故震惊了整个的美国国防部五角大楼(图 2-23)。五角大楼是国防部、参联会、情报机构、各军种部和联合作战司令部办公地点,共约26000人。该舰经过一年时间修复后,更换了舰长,被派往地中海执行任务。美军专门成立了一个调查委员会,调查事故原因和总

图 2-21　福莱斯特号航母发生
火灾事故地点

结教训,总结报告列出了许多条,但总的认为是防火器材不足,人员防火训练较差和指挥组织不力。

图 2-22 福莱斯特号航母救火现场

图 2-23 美军五角大楼

1969年1月14日,企业号航母在檀香山以西70海里处发生了一场大火。当时正准备开往东南亚参加对越战争。火灾的发生是由飞机发动机尾焰的高温使导弹被烤热爆炸引起的大火。图2-24和图2-25分别是大火扑灭后的甲板惨状和火灾时远景图。由于该舰90%舰员到消防学校学习过半年,又有奥里斯坎尼号、福莱斯特号事故的教训,救火水平有了提高,效果好了一些,飞行甲板火势仅一个小时便被控制了,下层烧了数个小时,但仍遭到了很大损失,这场事故中死亡24人,受伤100多人,飞行甲板被炸成三个裂口,最大的裂口长度近8米,部分甲板变形,15架飞机受损和被毁。因为这是美国首艘核动力航母,如果反应堆被损坏,后果不堪设想。经过了三个月才修复。

图 2-24 企业号航母大火扑灭后飞行甲板一片狼藉

图 2-25 企业号航母火灾远景图

在这些火灾之前的 1960 年 12 月 19 日星座号在建造中发生了一次重大火灾事故,如图 2-26 和图 2-27 所示,造成 50 人死亡,数百人受伤,延迟工期 7~8 个月,还发生一些较小的火灾事故约 40 起,足见防火工作之重要。这些重大火灾事故都为后来航母设计、建造、训练和使用提供了可贵的经验和教训。

图 2-26　星座号航母建造中突发大火　　图 2-27　星座号火灾后修复场面

尼米兹级设计得比以前的舰级更可靠安全了,甲板与舰体采用了高强度张力钢板以提升存活率,从舰底到飞行甲板全部采用双层舰壳结构,内外层钢板之间用 X 型构架连接,这种结构能较好吸收被命中时产生的冲击能量,可降低舰体内部的破坏程度。航母舰体内部在重要舱室部位都设有 76~127 毫米不等的钢质装甲,并构成一个完整的箱形结构,整个内部被划分成了 2000 多个水密舱区,横向设置有 23 道水密舱壁和 10 道防火舱壁,水线以下设有四道纵向防雷舱壁,并大量装备了先进易操作的灭火系统。设有两个主弹药库,这与过去的航母相同,但容量更大,并远离主机舱。还有其他一些改进,对尼米兹级航母安全防护设计的评价是相当优越,抵抗战损能力明显优于企业号和小鹰级,比第二次世界大战中发展的建造数量最多的一型航母埃塞克斯级高出三倍以上,所以,尼米兹级航母虽然使用频率很高,服役时间也很长了,但到目前为止,还没有见到有发生重大火灾事故的报道。

但在 2020 年 7 月 12 日,直升机航母两栖攻击舰好人·理查德号发生了一次重大火灾,如图 2-28 和图 2-29 所示,有报道说是有人故意纵火,但事后调查表明,由于指挥、训练、设备维护等方面存在明显问题,导致火势失控,大火持续了 5 天,该舰损毁严重,只能忍痛决定将这艘 4 万吨的两栖攻击舰作报废处理，损失约 30 亿美元。对 17 名责任人进行了处理，这次火灾事故调查中没有涉及设计和建造问题。

图 2-28　好人·理查德号起火远景图

图 2-29　好人·理查德号火灾扑救场景

尼米兹级发展的第二批次于 1978 年开始动议，经过了几次反复，由于伊朗人质事件的推动作用，核动力航空母舰长时间维持海外部署并发挥强大战力的优势突显，因此，美国国会再度于 1980 财年的国防预算中列入建造第四艘尼米兹级航母 CVN71 罗斯福号，也是第二批尼米兹级首舰。1980 年主张重振军威的总统里根上台后，为实现其提出的"海军舰艇 600 艘"的目标，大举建造航空母舰，于 1982 年一次预算 65.8 亿美元订购了两艘尼米兹级航母 CVN72 林肯号和 CVN73 华盛顿号，第二批次于 1986 年、1991 年、1993 年的较短时间内又连续采购 3 艘。

第二批次尼米兹级航母在第一批三艘舰基础上做了进一步改良性设计，改良性设计的指导思想是更加实用和节省成本。如采用模块化建造以提高效率和节省成本，在舷侧增加了 63.5 毫米厚的凯夫勒装甲，对弹药库和机舱加装箱形掩体保护，炉芯寿命也提高了，对海军战术资料系统也做了升级等。从林肯号 CVN72 开始进一步加强防护，并使满载排水量增至 102000 吨，成为世界上第一艘排水量超过 10 万吨的大型航母，从六号舰华盛顿号 CVN73 开始，又对舰岛追加了破片防护装甲。从第七艘斯坦尼斯号 CVN74 和第八艘杜鲁门号 CVN75 改用更新型的燃料棒，每次更换的持续运行时间可达 23 年，意味着 50 年的服役期间只需中间大修时更换一次燃料棒即可。从七号舰 CVN74 斯坦尼斯号起，采用新研制的高强度低合金钢材建造，新钢材的强度与韧性和过去的 HY-100 钢材相当，但施工难度降低，省掉了 HY-100 加工时需预热的程序,可节约成本,在电子设备方面也有不少改进。

第三批次是如图2-30所示的第九艘里根号CVN76和第十艘舰布什号CVN77。订购这两艘舰的时候,冷战已经结束了,因此最后两艘订购的时间也拉长了,再加上美国海军已经开始规划研发下一代航空母舰CVN21,有一些比较成熟的新的研究成果开始在CVN76和CVN77上运用。

图2-30 尼米兹级里根号航空母舰

里根号的舰岛变更设计首度采用3D数字模拟技术,舰桥右侧向舷外大幅外伸,使右舷的警戒能力增加。CVN77布什号和福特级也沿用此项设计,对舰岛上的桅杆、雷达等做了进一步的优化布置和更新;里根号还采用了更大更向前突出的球鼻首,以有利于减少阻力和增加舰首浮力,减低舰首纵向摇晃,更有利于舰载机的起飞作业,采用新型球鼻首后,三部蒸汽弹射器同时弹射飞机起飞时,舰首也不至于下沉;里根号还加装了整合指挥网络,是美国海军第一艘实现网络化的航空母舰,该指挥网络将航母上的推进、航行、导航、通信等系统以及舰内所有部门工作站都连接起来统一运作,大幅提高了指挥管控效率;根据以往经验,第四组阻拦索都不用,所以,里根号还将原来的舰载机降落拦截系统的拦阻索由以往的四组减为三组,但飞行员们反映取消第四组阻拦索之后,飞机着舰作业比以前缺乏安全感,难度也提高了。

尼米兹级第十艘舰布什号CVN77,也是该级舰最后一艘,在舰体规格、作战系统、探测设备、飞行甲板配置、舰载武器系统等方面大致上都沿用了前一艘里根号的设计,但其他方面有不少改进。首先是更注意了隐身设计,对舰岛采用了小型化和简洁化,甲板边沿采用弧形结构,以减少雷达截面积等;提高自动化程度,降低人力需求;大幅优化航空燃油储存和分配系统,进一步提高安全性;装备了新研发的联合精确进场着舰系统,这是美国海军第一艘装备该新型系统的航母;使用航天飞机绝热材质制造的折流板来取代以往由平面钢板制造,内含复杂冷却水管的旧式折流板,无论体积、重量与工作复杂性都大幅降低,且几乎不需要维修工作;有报道说,使用新型仅由1人操作的液压挂弹起重机来取代过去每个班需9人的人工挂弹作业等。

尼米兹级航母的科学发展和有序改进使其始终保持了先进性及可用性增长,是大型复杂装备成功发展的案例,在总体构型方面,后来发展的福特级也基本沿袭这一构型,成熟顶用,不落后的部分继续使用。

福特级的研发工作,虽然大量采用了新研制的先进系统和设备,美国海军意欲打造的是一型遥遥领先世界各国现行航母的绝世精品,有报道称采用了23项标志性的新技术,声称50年不落后,但却没有很好遵守大型复杂系统研发应跨越发展与渐进发展相结合的原则。坚持必须采用技术成熟和可靠的系统设备,否则大型装备集成后必然是问题成堆,后患无穷,这是大型武器系统研发的客观规律。福特级航母的研发正是没有很好遵循这一原则的典型案例,在美国上下和军内外都饱受诟病。虽然美国海军正大力促进其技术成熟,积极展开可靠性验证,也相信经过一段较长时间努力之后,会交出一型先进可用的航母,但从目前暴露的问题看,按照美国海军航母发展历史的经验和科学管理水平衡量,已经算不上成功的研发,不但严重超支,也大幅拖延了部署时间,确有不少教训值得吸取。

远在1975年,美国海军在决定订购首批三艘舰CVN68-70时,就开始了对尼米兹级之后未来航母的概念性探讨,当时称为CVNX,根据未来的需求,探讨范围包括小型、中型和大型航空母舰,总共研究了15个舰体大小不同方案的船模流体性能,研究了三种不同的舰载机起降方式以及相应的甲板布局,当时总共拟定了50个备选方案。

1996年,尼米兹级最后两艘舰开工之前,美国海军开始正式研究该级舰的后续舰项目,也就是CVNX项目,即进入21世纪的首级航母,美国海军在研究中反复分析了多种构型的航母,最后确定新一级航母仍为核动力推进的大甲板弹射型航母,满载排水量大于10万吨,舰载机联队增加到75架飞机,出动能力更强,且适应新一代更先进飞机和无人机的使用。在研究中,曾构想不少前卫性和超脱当前航母设计的构型,但按照这些构想,经费巨大,风险难控,实用性没有把握,最后还是放弃了不切实际的过高的技术追求,仍决定使用已经很实用的小鹰级和尼米兹级航母的传统基本构型,进行一定的设计改进作为新航母也就是后来命名的福特级的设计方案。

关于福特级的发展方案,实际上除了舰体构型变化不大以外,从舰上系统设备到舰载机都做了比较全面的更新,从设计愿景看,这确是一艘超高水平的现代航母,可看出美国海军追求绝对优势的雄心壮志绝非一般。因为已退役的小鹰级在当时已是世界上常规动力航母中的高超水平产品了,起码在未来十年之内很难有其他国家同类航母超过小鹰级的战斗力,何况还有10艘现役尼米兹级,这是目前世界上唯一的一级大型核动力航母,无论是技术还是实战,都高过小鹰级一个档次。可是美军欲让新研发的福特级航母的战斗力要达到尼米兹航母的数倍,下面简要阐述一下福特级航母的技术变化情况。

一是舰载飞机的变化。用速度更快、作战半径更大、信息化程度更高、又有智能化特点、更有利于精确打击、隐身性更好的F-35C代替超级大黄蜂F/A-18E/F。F-35C已于2021年在尼米兹级卡尔·文森号航母上正式部署,如图2-31所示。但有报道称,福特号航母首批舰载机仍是F/A-18E/F,表明美国海军对F-35C仍怀有疑虑,尚需进一步改进。福特级航母还要研究装备若干X47B和其他大量无人机,主战飞机弹射间隔时间由尼米兹级的1分多钟降至45秒。有报道说,尼米兹级航母在连续三天的时间内,平均每天打击目标数248个,而基本搭载同样数量新型舰载机的福特级航母,其每天打击目标数可达2000个以上,可见提高之大,但要达到这一水平难度很大。其他飞机,如预警机E-2C/D、电子战飞机EA-18G、反潜直升机MH-60R等也都是新研制的,性能更加先进,并已在研究如图2-32所示的MQ-25黄貂鱼舰载无人加油机,这是以前没有的,主战飞机将携带AGM-158C新型反舰导弹。

图2-31 F35C在卡尔·文森号航母起飞 图2-32 MQ-25黄貂鱼舰载无人加油机

这些舰载机的实际战术技术协同使用细节十分复杂,涉及所有战术技术性能的应用和发挥,所以,现代航母入列服役后,还需要数年时间的反复演练,才能逐步形成设计规定的作战能力,达到应有的熟练使用程度。特别是首舰,需要更长时间的试验测试和改进,有报道说,福特级 2 号舰肯尼迪号航母因吸取了首艘舰的经验教训而有所改善,许多地方进行了重新设计,满载排水量达到了约 12 万吨。

二是舰载武器水平引人关注。与尼米兹级航母基本相同的是仍装备有 2 座如图 2-33 所示的海麻雀八联装发射装置,2 座如图 2-34 所示的 21 联装海拉姆/公羊防空导弹发射器,3 座 20 毫米 6 管密集阵近程反导火炮以及若干 12.7 毫米机枪等,这些大都进行了改进。更重要的是,该舰为将来安装新概念武器留出了加装的余度,包括空间、重量和电力等,这些武器包括激光武器、电磁轨道炮和高能粒子束武器等,如果有朝一日,将这些武器成功上舰,就意味着福特级航母有了杀手锏武器。作为一型满载排水量达 11 万多吨的航母,增加几座重型武器不是大问题,这几种武器,美军决心要研发成功,虽然屡屡推迟,但始终不放弃。这些武器吸引力太大,如激光武器,攻击几十乃至几百千米远的目标如同打固定目标,如图 2-35 和图 2-36 所示。其进攻和自身防护能力不可小觑,有报告称美军已开始研究功能更加强大的超短脉冲激光器。

图 2-33　海麻雀防空导弹系统

图 2-34　海拉姆防空导弹系统

图 2-35　舰载激光器示意图

图 2-36　航母舰载激光器多目标攻击想象图

三是动力和电力系统。福特级航母采用的不是尼米兹级西屋公司提供的A5W反应堆方案,而是采用的美国政府如图2-37所示的贝蒂斯核子动力实验室的AIB反应堆,这是功率比尼米兹级反应堆功率增加25%的两台大功率一体化堆,除为汽轮机带动的四轴螺旋桨提供推进功率外,其带

图2-37 福特级航母AIB反应堆

动涡轮发电机的发电能力达到了尼米兹级的三倍,为电磁弹射器和大量的其他自动化设备以及可能的新概念武器提供了用电保障。该一体化核反应堆的堆芯使用寿命可长达50年,与航母的设计服役时间相同,这既节省了更换堆芯时间,增加了在航率,也节省了大笔费用。

四是全舰坚固性在尼米兹级基础上又有了新的提高,整个舰体采用了新的计算机设计方法,使用了新研制的HSLA-65钢和HSLH-115钢,安全系数更高。福特号于2021年6月18日在佛罗里达海岸以东约161千米海域进行了耐冲击波的坚固性试验,如图2-38所示。使用18吨烈性炸药,在航母就近海域引爆,爆炸威力相当于3.9级地震。对此次抗冲击实验共投入6.5亿美元,舰上做了多种应急预案,做了几个月的筹备工作。通过该项实验可检验舰体和核动力装置等是否存在重大安全隐患,这是一次重大的实践性测试,有报道称,此次测试显示,对航母的影响比预估的要小,后来又在更近一些的距离上进行了一次测试。上一次对航母的抗冲击试验是30多年前的1987年对尼米兹级4号舰罗斯福号航母开展了一项类似测试,如图2-39所示。另外,上层建筑采用优质碳纤维材料,重量轻,强度好,可使全舰重心下移,这使航母重心降低,稳定性更好。

五是大力提高了信息化和智能化水平。该级航母采用了大量先进的C^4ISR及协同交战CEC系统和设备,支持网络中心战的开展,是海空网络战的中心节点,可实施编队系统和空、天、陆作战单元的有机链接,广泛采用现代信息化和智能化手段,实现编队各作战单元的互联、互通、互操作,打造高效一体化的网络作战体系。舰上的作战指挥系统是符合未来IT-21网络作战要求的管理中枢,能融合舰上所有指挥、通信、情报、管理与武器射控功能。在布局

上,各型相控阵雷达、卫星通信、资料传输链、电子战系统和联合精确进场与着舰系统的天线融合于舰桥结构内,或置于舰桥顶部的桅杆上。舰上的作战与指挥、管理、通信、情报系统采用开放式架构,与整个编队舰只互联、互通、互操作形成一体化。大量使用成熟且符合使用要求的商规构建,以利于服役期间的维护与改装。该舰还设有航空数据管理与控制系统,这种实时的信息管理系统通过传感器、局域网、显示与控制设备等,连接航空作业的所有活动,可实施无缝隙的高效管理,信息化和智能化水平空前,作战效能比尼米兹级大为提高。

图 2-38　福特号航母抗冲击试验

图 2-39　尼米兹级的罗斯福号航母抗冲击试验

六是隐身性的提高。该级舰在舰体构型设计和材料选用上都力争降低雷达截面积,提高隐身性。有报道称,虽然该级舰满载排水量达到 11 万多吨,但其雷达截面积仅相当于一艘海上渔船。

七是先进的保障体系。该级舰对保障设备进行了较全面改进,还增加了对部分自动化设备和机器人,以快捷、准确、效率高为标准,对飞机的起飞和着舰,进场与入库,检测、维护、装弹、加油等一系列保障工作,从有关设备的改进布局、工作流程都进行了重新设计,舰务机务无缝协调,全舰自动化程度大为提高。与尼米兹级相比可减少 1200 多人力,其中约 800 人是舰务人员,约 400 人是机务人员,减少人员是降低全寿命费用的重要途径之一。如果将来能把全舰系统的可靠性提高,那么福特级航母的使用成本相对来说会有明显降低。

八是居住性有明显改善。虽然较尼米兹级全舰减少了约 1200 人编制,但仍设计了 2600 多个住舱,每个住舱都设有卫生间和空调,不少生活设施也都有了明显改善,不过也有报道称,住舱仍不够用,没考虑留有余地。生活条件是保证舰上人员健康体质和良好精神状态的基本条件,也是提高战斗力的重要方面。

从上述归纳与分析可以看出,福特级航母虽然在舰体构型上与前型尼米兹级和更早一型的小鹰级航母相比并没有太大更改,从图2-40所示的福特号航母与杜鲁门号航母外观上也可以看出这一点。但实际上由于舰载系统和设备的大量改进和创新,使福

图2-40　福特号航母与杜鲁门号航母

特级航母已经成为一型全新的现代航空母舰,按照设计标准,有报道称,其作战能力大幅提高至数倍尼米兹级的作战能力,满载排水量达到了11万多吨,是一个典型的现代大型武器系统,图2-41为福特号航母布置简图。这种寻求未来50年中都将处于绝对优势水平的结果是欲速则不达。首舰福特号于2005年8月在纽波特纽斯船厂开工建造,2009年11月开始安放龙骨,随着建造工作的推进和设备的不断安装,计划进度一再拖延,费用不断超支,到2015年10月,福特号建造工作完成95%时,总工时数接近4900万个,已经耗资约130亿美元,超过预算达24亿美元,后来的进展仍坎坷不断,2017年7月,无奈只能决定尚不够入役条件的福特号正式加入美国海军服役。据2019年美国《大众机械》网站报道,当时航母的11台舰载机和弹药升降机中仅有4台可以工作,直到2020年3月该舰也只能继续测试和作为一艘训练航母使用,不少设备可靠性不达标,将首次部署推迟到2021年,后来又推迟到了2022年4月5日,才低调宣布已于2021年年底形成了初始作战能力,直到2022年10月才正式部署到第二和第五舰队辖区,展开进一步测试和参加演习。到2023年2月在起飞测试中又发现火焰挡板有问题,并不得不回港修理。从开工建造到部署竟长达17年之久,仍达不到完好水平。何时能够形成全额作战能力仍将是一个未知数,形成这种局面的根本问题还是美国海军采办科学管理做事不周。在有了首舰福特号的深刻教训后,按照熟练曲线规律,第2艘肯尼迪号及第3艘企业号会逐步好转。

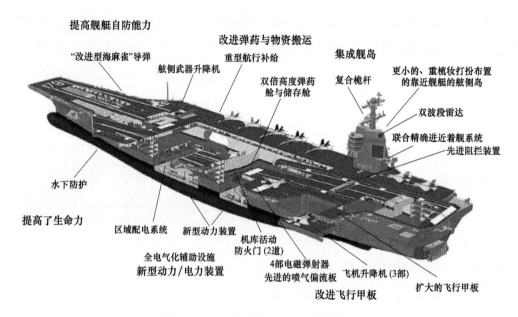

图 2-41　福特号航母布置简图

自从美国海军于 1919 年开始发展航母,将一艘海军木星号运煤船改装成如图 2-42 所示的航空母舰兰利号开始,到 2020 年已有百年历史和约 10 代航母了,从来没有哪一型航母的研发用了如此之长时间还不能成功部署和使用,这在美国受到了广泛的质疑,在国际上也成为笑柄。这对有近百年航母发展和使用经验的美国来说,在已认为发展方案可行情况下,为什么还会出现这种局面,从科学管理上进一步分析,主要是以下原因造成的。

图 2-42　美国首艘航母是由运煤船改装成的兰利号

一是没有很好遵循大型复杂装备更新换代工作中的技术规律。这就是先进的标志性技术进步与渐进性技术进步相结合,新技术与成熟技术相结合,不能使各领域的新技术一涌而上。除非各项新技术经充分的试验证实结论为确实成熟可靠，但这往往需要很长时间一系列严密的工作。复杂的高新技术必须充分地做好预先研究，短时间很难做到这一点。这种违背新技术由产生、发展到成熟的规律，必然影响复杂装备的整体发展。

二是没有很好遵守不成熟技术进入系统的管控问题。装备研发实践证明，新研制的具体设备和分系统必须真正做到技术成熟，并充分考虑到融入整个大系统后的匹配协调性后，才可以进行集成，任何企图把尚不够成熟的技术问题留到集成后再逐步解决的想法都是不可取的。不成熟的分系统和装备被融入大系统之后，一般易导致不协调情况出现，甚至后患无穷，迟迟不能进入完好状态。有的比较孤立的部分可以不断改进或更换，而整体性、联系性比较强的分系统和设备则很难做到这一点。

三是全面过度追求高技术指标带来的问题。技术经济规律显示，当一代技术已达到饱和曲线段时，再追求技术性能的较大提高，将使费用陡增，效费比降低。一般都不采取这种技术途径提高装备效能，而是探讨提高其他指标的方法来提高装备整体效能，或研发具有更高效能的新技术。采用新技术一般容易追求高指标，在试验中，有些指标是大小波动的，是不稳定的，如果采用了小概率的乐观值，就形成了追求高指标，在实际使用中就很难实现这一指标。

四是对技术、费用、进度和可用性之间的关系没有研究透彻。这些因素之间有着密切复杂的关系，先进复杂大型装备的研发中，最容易出现多因素复杂相关的敏感性。技术不成熟势必拖进度，拖进度就要增加工时和费用，技术不成熟需要反复修改调试，将直接增加费用，在这种情况下又容易出现调低技术指标的事情发生，争取早日交差，又可能导致可用性下降。

五是对不成熟的新系统、新设备应用可能出现的新问题估计不足。许多新研发的系统和设备在陆地单独运行就存在问题，在集成到大系统以后更多问题就暴露出来了，这主要是因为从良好环境进入到了潮湿、噪声、振动、狭窄和强电磁等复杂环境中，有的就可能因这些环境因素变差，产生故障和性能改变，如有了各种强电磁信号影响而导致某些电子设备受干扰，所以应进行电磁兼容性设计；集成到总体装备后有的由于狭窄的操作空间影响安装调试质量；与有些系统和设备集成后，有关技术要素易出现系统性不协调不匹配情况，所以必须重视系统性接口设计，在陆上就要进行好充分联合调试工作，必要时进行环境仿真模拟。

六是设计和评审的管理出了问题。大系统的各部分及总体设计人员必须有牢固的系统观念,详细了解各相关部分的关系,明了制造及测试情况。各阶段的评审必须严格科学,杜绝任何模糊过关现象产生,严格按技术成熟规律和规定程序操作。

由于这些原因导致了福特号航母研发工作出现了诸多问题。从设计尼米兹航母到设计福特级航母,间隔几十年时间,这期间科学技术突飞猛进,新材料、信息化、机器人、自动化、网络化、大数据、一体化、人工智能技术等都今非昔比。如果各方面设计人员只致力于自己的设计对象如何先进,而较少顾及系统中的彼此如何协调,集成以后就难免有不匹配情况发生。最根本的问题还是科学管理不到位,估计参加福特号航母设计人员中新手较多,缺乏经验人员较多,难以充分吸取以前的经验教训,对装备研发的技术变化规律很难有深刻理解。以上问题都充分说明了在发展福特级航母工作中明显缺乏全系统、全风险、全换代观念,这些观念的缺乏,不可避免出现眼高手低现象。

从美国航母发展史可清晰地看出,在武器装备研发中,经过优化的梯次发展模式进行更新换代是最佳选择,使在役、在研、预研的不同技术档次良性有序发展。在对财力约束、时间限制、任务需求、风险控制等多方面因素权衡中寻找相对最优发展方案,最能体现出装备的科学管理水平,如果把后来拖延的时间和增加的经费用在加强前期推进技术成熟上,实际情况要好得多。换代研发决策优劣如何,影响重大且深远。

关于大型武器装备更新换代科学管理问题,也有必要简略分析一下苏联发展航母的历程。第二次世界大战以前,苏联海军就强烈主张发展航空母舰,并曾经三次提出了具体方案的动议,均因各种原因未获通过。1939年3月,出任海军人民委员和海军总司令的库兹列佐夫元帅历来积极主张发展航母,1943年甚至提出向美国租借两艘护航母舰被拒。二战结束前的1944年提出了发展满载排水量23700吨的真正意义上的航母,也因要给经济建设让路等理由未有获批。后来库兹列佐夫三番五次给斯大林呈送关于发展航母的报告,但因斯大林认为火力和机动性都很好的巡洋舰更适用,对航母不感兴趣而未获批准。1953年斯大林逝世,很有技术造诣的库兹涅佐夫又接二连三一次比一次详细地给继任者赫鲁晓夫打报告,而赫鲁晓夫对航母更不感兴趣,他认为航母只是战略导弹的靶子,不能建造这种军舰,因此,对不断提供认证报告又性格耿直的库兹涅佐夫产生了极大的反感和不信任,再加上海军又发生了沉船事故,于是在1955年解除了库兹涅佐夫苏联国防部第一副部长和海军总司令职务,并于次年将其降为中将退役。随之海军在诸军种建设中的地位被排到了末位。库兹涅佐夫的继任者戈尔什科夫也是主张发展航母的,但他比前任讲究方法策略,作风比较忍让沉稳,深得赫鲁晓夫的信任,他并不直率地急于进谏发展航母,而是耐心等待机会。终于在复杂的1962年10月古巴导弹危机事件中,使赫鲁晓夫看到了航母的作用。据报道,当时美国除派出了大批空军飞机外,还派出了8艘航母,共计约90艘舰船封锁古巴,而没有航母舰载机保护的苏联特混舰队明显处于弱势状态,眼看着美国舰队和舰载机的制空封锁阵势无能为力。在经过了这次事件后,戈尔什科夫关于发展航母的主张自然被接受了。在之后的20多年时间里,苏联海军不但航母刚启动就步入了发展的快车道,核潜艇、常规潜艇、驱逐舰、巡洋舰等舰种也得到了强势发展,戈尔什科夫元帅领导的苏联海军快速向远洋水军迈进,甚至声称要把海军防线扩展到美国西海岸。下面仅就苏联航母发展中的更新换代科学管理问题予以分析。苏联建造的航母如表2-1所列:

表2-1 苏联建造的航母

舰级	舰名	开工时间	下水时间	服役时间	状态	满载排水量
莫斯科	莫斯科	1963	1965.1.13	1967.12.25	1995年拆解	19200吨
	列宁格勒	1966	1968.7.31	1969.6.2	1996年拆解	19200吨
基辅	基辅	1969	1972.12.26	1977.2	1993年退役转卖	45000吨
	明斯克	1973	1975.9.27	1978.9.27	1992年退役转卖	45000吨
	巴库新罗新斯克	1976	1978.12.26	1982.8.14	1995年退役转卖	45000吨
基辅级改进型	戈尔什科夫	1979	1982.4.17	1987	1999年转卖印度	48000吨
库兹涅佐夫	库兹涅佐夫	1983	1985.12.4	1991.1.21	在役	67000吨
	瓦良格	1986	1988.12.4	完工60%停建	由乌克兰转卖中国	67000吨
乌里扬诺夫斯克	乌里扬诺夫斯克	1988	—	计划1995年服役	完工20%拆解	94500吨

从表2-1中可以看出,苏联发展航母的速度是很快的,约30年时间就研发了四代9艘,这也反映了苏联当时的工业先进水平和尼古拉耶夫船厂的生产能力。但对具体情况做深入分析后还可以得出以下结论:

一是大型武器系统的更新换代更应按规律科学发展。研发一代就应实现相应的先进技术成熟,打造良好的可用性,标志性新技术成熟稳定后,再进行下一代的研发,新一代对原型舰成熟且不过时的技术应继续使用,防止新技术一涌而上,增加研制风险,也不能技术进步不大就更新换代,这会带来经济性和使用上的问题。第一代航母实际上是载机巡洋舰,没有战斗机,只多载了些反潜直升机。图 2-43 所示的第二代基辅级航母研制了雅克型垂

图 2-43　苏联基辅号航母

起短距起降战斗机,但航程太短,作战半径据说只有 200 千米。第三代如图 2-44 所示的库兹涅佐夫号才算是真正意义上的航母,可搭载 18 架苏 33,4 架苏 25UTG 和 10 多架直升机,但苏 33 和苏 25UTG 的教练机是由陆上飞机改为舰载机的,在技术上仍不够成熟。这几代虽然在舰载武器如防空武器、对舰武器、侦察、通信类设备等方面都有所改进,但涉及现代航母主要标志性技术方面都没有重大突破。到第四代如图 2-45 所示的乌里扬诺夫斯克号核动力航母才有了实质性的重大进步,成功研发了蒸汽弹射器和核动力装置等,已是一艘现代大型航空母舰了。可惜只完成了 20% 工程量便因国家变故而被拆解了。纵观这四代航母的发展轨迹可以看出,虽然每代在技术上都有所进步,但总体上在标志性新技术研发的科学规划、计划和优化发展方面显得不够。

图 2-44　库兹涅佐夫号航母

图 2-45　苏联乌里扬诺夫斯克号
核动力航母设计外型图

二是航母的每一代都要形成按设计标准要求的作战能力。大型武器系统如航母、核潜艇、其他大型舰船、大型航天系统、超大型飞行器等,在研发中必须有牢固的一次成功观念,可以有某些不足,但必须达到基本成功水平,绝对

不应成为试验品,因为一旦不成功,不但直接造成了资源的重大浪费,更重要的是推迟了发展计划,这是更大的损失。关于这一装备发展的制度性问题,实践证明是完全可以实现的。小型和微型的大批量装备研发一般实行样机制,耗资大、研制时间长的大型装备,实行一次成功制,不但是必要的,理论和实践证明也是可行的,最重要的问题是要真正做到科学严格管理,随着大型装备先进复杂程度的提高,科学严格管理水平也必须随之提高,不然则很难达到大型军事新装备成功研发的目的。

随着系统复杂性的提高,必须有系统工程方面的理论做指导和有效的体制进行管理,才能有成功的研发。苏联研发建造的航母没有一艘按设计要求形成作战使用能力,所以,在俄罗斯接手后有五艘很快被拆解或作为废钢铁转卖,一艘由乌克兰转卖中国改装为辽宁舰,戈尔什科夫号由俄罗斯负责修理改装后送给印度,说是白送不要钱,但要修理改装费15亿美元,后又追加8亿美元,还留下一些工程由印度自己继续完成。俄罗斯只保留了一艘库兹涅佐夫号,但此舰从未按设计要求达标,2016年到地中海东部海域参与叙利亚战事,结果发生了飞机坠海和锅炉冒黑烟事故,如图2-46所示,不得不开回北方船厂修理和改装,结果一修就是六年多,还多次发生事故,图2-47展现的是大修中的现场。正常情况下六年多时间足够建造一艘新舰了,其实际战力如何,还有待实战验证。总之,苏联发展航母事业中,钱没少花,时间也不算短,却未见相应的效费成果。

图2-46 库兹涅佐夫号航母因锅炉故障导致冒黑烟

图2-47 大修中的库兹涅佐夫号航母

以上内容总的来说可以看出两个问题,一是应充分看到现代航母是非常复杂的大系统,具有密集的先进技术群。设想一航母编队在夜间离岸到远海进行独立制空作战,舰载机批次起飞编队到预定空域作战,同时考虑航空、反潜、反舰作战等,战术技术的系统性很复杂。所以,世界上虽多国都有航母,但造得好又用得好的国家很少,包括英国和法国也很一般,至于印度发展航母的道路更是一路坎坷。美国发展和使用航母虽经验丰富,但在福特级的研发中却是失败的,有着深刻的教训。所以苏联发展航母对技术难度估计不足是不奇怪的。二是科学管理必须跟上技术发展的客观需要,这一点只有深入分析和总结才能认识到,但这是客观规律。没有相应的科学管理体系,研发大型复杂武器系统工作必然难以达到预期目的,这是不以当事者主观愿望为转移的客观情况。

在2022年春季发生的俄乌军事冲突中,到目前为止,虽然尚没有发生综合运用海、陆、空、天军的最现代化先进武器装备进行大规模的全域化、一体化、分布式远程打击等战争形态,但仅就使用的一些武器装备情况看,如果应用本书中的内容予以分析,便可进一步印证书中对现代武器装备科学管理问题阐述得全面、系统、深入及其现实意义。

2.2.7 全风险管理

武器装备研发项目的风险是多方面的,通俗地说,装备研发工作中的风险就是不能按预定时间、费用、技术和可用性指标完成任务的可能性及其影响程度,对整个项目是这样,对具体系统甚至工序也是如此。这对一般缺少实际经验的人来说是很难透彻理解的,而对有较多管理实践经验和教训的人来说是比较容易理解的。实践证明,尽管人们似乎都懂得管理风险的道理,承认风险太大会给装备研发事业造成无法挽回的损失,但实际上在研发项目中特别是重大高科技武器装备的研发工作中总是隐含着技术、费用、进度和可用性风险。正反两方面的经验都一再表明,如何科学分析和有效降低风险是制订可行规划计划和成功完成研发任务的重中之重。正因为如此,世界各军事强国都非常重视这个问题,美国国防部采办大学专门安排有这方面的讲授和研究内容,在许多采办文件中都列出了相关内容和规定,对具体研发项目都要做出降低风险的措施和说明。但是尽管如此重视,研发项目的风险却一再出现,这主要有以下原因:

一是对研发项目中高指标和先进技术的不确定性缺乏专业性的深入研究。从论证设计到形成产品,中间必然要解决一系列纵横环节的技术问题,通常包括优化设计、设备研制、材料选用、零部件研制、工艺过程、试验验证、技术状态控制、产品测试、系统联调等技术工作。对新项目的研发,其中的许多环节都可能是比较生疏的,但必须对这些环节的技术难度、关键技术、解决问题的方法和手段进行科学的分析研究,做出成功研发的可能性评估,并制订切实可行的措施,尽量将技术风险降到最低。这项工作极为繁杂和重要,对研发工作能否正常进行具有决定性作用。要做好这项工作必须由各方面有关专业技术人员和管理人员认真协调进行。

二是追求高指标和极致完美的人性使然。追求完美是人之共性,但实际上是很难做到这一点的,有的还没有必要。在武器装备研发工作中,总有一些分管领域的业内人士希望自己分管研究的部分尽量先进,尽量采用最新技术成果,使各方面性能都要领先。实践证明,这种美好愿景有些是可行的,而有些则是不切实际的,是难以实现的,还有些则是不必要的。但在这一思想指导下,很容易不顾实际情况,在研发决策和制订计划中,把某些技术指标定得很高,看来鼓舞人心,实际上极易忽略许多难点,这就会隐藏着巨大风险,随着研发工作的深入,问题必将逐步暴露出来,从而影响到项目的研发进程,形成欲高难达和欲速不达的局面。

三是不了解管理目标之间的关系。任何一型武器装备研发项目的科学管理都要尽量做到技术性能指标、费用指标、进度指标和可用性等指标的协调发展。这些指标中技术问题是核心,尤其是难点技术和关键技术,如果能顺利达到技术成熟,那么一般不会出现大幅超支和进度一拖再拖现象,项目技术的成熟也使可靠性和可用性更容易解决。如果迟迟不能突破关键技术,不断修改设计,反复试验验证,势必拖延进度和增加费用,更谈不上保证可靠性和可用性的问题,这就打乱了正常的发展计划,这是装备研发工作中业内人士都不希望看到的问题,但在世界范围内总是不断出现。出现这类问题后有三种前途:一是经过努力使研发工作出现转机,终获成功;二是如果继续研发下去,风险会更大,看不到成功的希望,最终不得不终止项目研发工作,另辟蹊径;三是虽达不到原计划要求,但勉强通过试验验证,可能使装备终生带着问题服役。实践显示,即使被认为是中等风险的项目,要如期达到目的,也远不是轻松可就的事情。

先进装备研发风险是世界各军事强国普遍存在和重视的问题,特别是目前处于都希望自己国家研发的武器装备要比其他国家更先进的时代,有些国家尽其所能,争相推出高性能武器装备的发展计划和规划,包括各类舰艇、飞机、导弹、天军装备等多个领域,尤其是在信息化、智能化和无人装备方面,似乎出现了你追我赶的局面。越是在这种情况下,越需要注意冷静地加强全风险管理,保证做出的是真正的风险适中可控的科学发展决策,确保先进武器装备的科学良性发展。

2.2.8 全规划计划管理

上述分析现代武器装备的全系统管理、全寿命管理、全目标管理、全费用管理、全可用性管理、全换代管理、全风险管理等内容,按照发展工作程序,都要落实到发展规划、计划中去。规划和计划是武器装备发展的行动准绳,是有关部门反复斟酌制定出来的,它应体现出需求与可能的平衡,科学与可行的平衡,近期、中期以及远期的平衡。实践证明,规划、计划的最优决策最能体现出科学的综合管理水平,是发展武器装备最重要的依据文件之一。

世界各军事强国无一例外都非常重视现代武器装备发展的规划计划工作。以美国为例,早在20世纪60年代,在时任美国总统肯尼迪和国防部长麦克纳马拉支持下,由兰德公司首创了国防武器装备采办的"规划、计划与预算系统"(PPBS),执行几十年后,从2003年开始改为"规划、计划、预算与执行系统"(PPBE),进一步强调执行和操作。这一系统分为远期规划阶段、中期计划阶段和年度预算阶段,每个阶段又分若干步骤,整个过程分得比较细。PPBE系统的特点有:一是将国家安全目标、军事战略、军事需求与各军种武器装备建设紧密连接起来,科学合理分配资源;二是把武器装备采办作为一个大系统,将长期规划、中期规划、年度预算紧密联系起来,保证装备持续、协调、高效发展;三是将计划中的技术、进度、经费紧密结合,确保整体规划、计划、预算的纵横动态平衡,达到全规划计划管理。

在美国,规划、计划、预算和执行系统的管理和审批是分别由行政机构政府和立法机构国会实施的。政府的预算制定与管理分为三个层次:第一层次是总统,负责制定国家安全目标,下达国防决策指示,为包括武器装备计划项目的国防预算的编制提出指导原则;第二层次是国防部,负责预算编制和依据国会核准以及总统下达的指示编制《国防规划指南》,统一进行国防预算的制定;第三层次是各军种和防务机构总部,在国防部统一指导和协调下,实施和管理各自的武器装备发展预算项目。立法机构国会的作用主要是听证、讨论和审查国防部的项目预算,对国防预算的具体项目,通过立法为预算授权、拨款,并对国防预算执行过程检查监督。国会参众两院设有武装部队委员会、预算委员会、拨款委员会、国会预算局、审计署等监督管理和审批机构。各军种都设有专门的项目管理机构,并通过一系列程序将任务落实到承包商。

由于这个系统有一套行之有效的评估项目的标准,主要是效费比原则,凡是能以低成本、低风险达到战略效果的项目,就不采用高成本和高风险的项目。在开创这个系统的初期,处理了大量低效费比的有关项目,实践证明了这一系统的有效性,所以被称为无形的杠杆,致使不少国家予以效仿,也采用这一系统管理国防采办项目。

尽管这一系统从诞生至今已有约60年的历史了,也一直在起着重要的作用,而且还经过了不断改进和完善,但是不能全面按规划、计划和预算完成研制任务的项目比比皆是,有的项目甚至不得不取消。拖延进度、降低性能和追加费用等变更计划的事时有发生,更有甚者,根本就做不出科学可行的规划和计划,而是走一步看一步。这足以说明,在先进武器装备研发工作中,欲做出真正科学可行的规划、计划是一件很复杂的工作,远不是按照规定程序安排一下就可以做好的。先进武器装备和先进航天装备,尤其是做好大型复杂新型先进系统的研发全规划、计划工作的难度远超一般装备和民用大型工程。

理论和实践都证明,仅仅知道规划、计划应列入的内容和应遵循的程序是远远不够的,重要的是制定规划、计划人员必须从理论和实践上深刻理解和把控。计划和管理人员最好对发展武器系统普遍存在的规律性问题有深刻的理解和认知。如技术的创新发展和渐进性变化关系的规律,武器系统的更新换代规律,技术风险产生的规律,费用风险产生的规律,进度风险产生的规律,战术技术指标变动对费用和进度的影响规律,研发工作成败的规律,研发工作对可靠性和可用性的影响规律等,从国内外装备发展实践中可以总结出许多宝贵的有借鉴价值的规律性内容,这对武器装备发展编制科学可行的全规划计划有重要意义。

由于现代武器装备越来越先进,复杂程度也越来越高,新技术的应用越来越多,这都使研发工作中蕴藏的风险更加不易识别,使规划、计划工作的难度也增加了,且已经形成了一种发展趋势。近年来国际上发展的一些先进武器装备的历史充分说明了这一点。

特别是近年来信息化和人工智能的发展,推动了无人武器装备的发展,如无人舰船、无人潜艇、无人机、无人陆战装备和各类智能机器战士等,图2-48和图2-49分别展示了部分机器人战士和外骨骼机器人图。这使战场演化为有人平台和无人平台混合形态,甚至是集群无人战场,这实际上是智能化作战不断向高端水平发展的必然趋势。智能化水平越高,对信息化、机械化和精密制造业要求也就越高。武器装备的这些发展变化,使战场形态也随之发生了转型,空海一体战、空地一体战、去中心化的分布式作战、多域战、全域战等"马赛克"战的概念已在几年前被美军提出,有些还写入了作战条令。这些形态的战争又必然对装备提出了大量新的战术技术要求。在2022年春季发生的俄乌军事冲突中,双方都使用了大量无人机用于侦察和攻击。还有海上无人装备等,图2-50所示为美国海军正在试验的无人艇,无人作战装备已成为战场的重要组成部分。未来必将向更高级、更广阔的领域发展,武器装备信息化和智能化发展的新形势已展现在眼前。图2-51和图2-52分别是信息化装备战时应用示意图和美军无人潜航器的战术应用示意图。

图2-48　各类形态和功能的智能机器人战士

图 2-49 外骨骼机器人

图 2-50 美国海军正在试验的无人艇

图 2-51 信息化装备的战时应用示意图

越来越先进的作战装备对军方的采办工作无疑也是空前的挑战,在过去的装备采办工作中,还会经常出现不成功或不很成功的案例,那么面临更复杂艰巨的采办任务,如何应对就是一个更加严肃的问题了。如何解决这个问题,首先遇到的是如何进行发展规划、计划决策。优秀的规划、计划人员远不是将合同项目和其他有关项目按技术、时间、费用要素对接一下就可以了,如果这样,美

图 2-52 美军无人潜航器的战术应用示意图

国福特号航母就不会出现那么多问题了。最初看起来,福特号航母的研发计划也是做得很认真、很完美的,但项目进展到一定程度后却问题频出,迟迟不能按计划完成任务,足以证明最初的计划并没有识别出诸多潜在的风险,更不可能提出有效的解决办法,结果都不可避免地在研发过程中逐渐暴露出来了,原计划也被打乱了。

10 多万吨福特号现代化航母是目前武器装备中最为复杂先进的大型系统,它的复杂性甚至远超载人登月和空间站,美国采办人员没有做好其研发计划管理尚可用缺乏经验解释,但对低一档次的装备如 F35、DDG1000 驱逐舰、濒海战斗舰等的研发计划也没有做好,不但达不到全性能设计要求,还推迟或改变了发展计划。这就说明现代武器装备采办全规划计划管理工作似乎已跟不上形势的发展了。高科技装备的发展对科学管理提出了前所未有的高要求,而这些高要求是由现代装备的高度密集新技术特点所决定的,更是未来复杂战场环境中必须可靠顶用的要求所决定的。

这些新技术主要包括材料技术、高速动力技术、高隐形技术、精确反导技术、定向能技术、自动化技术、计算技术、网络技术、信息化技术、人工智能技术、无人作战技术、干扰与反干扰技术等,仅以材料技术为例,一个大型作战系统所用的材料包含有各类金属非金属材料、高强度材料、高韧性材料、耐高温材料、复合轻质材料、耐腐材料、耐磨材料、抗冲击材料、隐形材料、复合材料、陶瓷材料、可控硅材料、各种感应材料、各种制造芯片材料、自修复智能材料等。其中的任何一项技术都有若干门类和分支,这些技术集成到武器系统中

的过程是很复杂的,除了技术因素外,还有管理上的有利和不利因素,真正做到全面规划、计划和管理,无疑是一项很艰巨的工作。有报道称,美国决心要在新材料、人工智能、量子计算、生物技术、半导体、自主技术等基础性技术领域保证处于国际上领先水平,因为这些技术大都是研发高科技先进装备所不可缺少的。

实际工作中不可能要求采办人员、计划制定人员、管理人员等什么都懂,是各方面的专家,这是不可能的。任何大型的先进武器系统涉及的专业众多,每个专业又有多个研究方向,如高校普遍设置的计算机专业研究方向一般有:计算机科学理论、人工智能、网络安全、人机交互、生物计算、信息管理、软件理论、编程语言、算法及理论、芯片设计、数据库、机器视觉等,即使从事计算机专业的人士也不可能每个方向都精通。采办管理人员学什么专业的都有,要求专业上的全才既不可能也没有必要,但必须具有相应的基础,有一定程度的认知水平,隔山不隔理,基本道理是相通的,可以通过各种形式学习、培训和实践,达到做好科学管理工作应具有的水平。

特别是应确立一种崭新的意识形态,即武器装备管理领域的先进文化,在这种文化指导下,不但能较好地理解有关管理理论方法,正确把握各类管理文件有关规定的背景,还能主动思考,科学分析和积极解决所遇到的问题。只有在这一领域建立起新颖的先进文化,才更可能使现代武器装备研发的科学管理出现空前的新局面。

第 3 章　现代武器装备采办先进文化

3.1　概述

这里先阐述一些一般的文化观念。人有两种属性,即自然属性和社会属性。所谓自然属性,就是大自然赋予人们的天性。一个人的生老病死,每个人各种器官及功能,如消化系统、血液循环系统、神经系统、泌尿系统、呼吸系统等,应归于自然属性。这些属性是许多动物也具有的,所以,医学专业人员对人体的某些研究常用某些动物做试验,就是因为自然属性相同或相近。

人出生以后就开始逐步融入社会,由家庭、学校走上工作岗位,接触的人和事越来越多,学习和了解的东西越来越多,一个人所接触的人和事统称为社会,所了解的东西统称为知识,就是人接触社会后形成的社会属性,人的社会属性就是文化。假如一个人出生以后单独养大,或与某些动物在一起养大,那么他绝不会具有社会属性,不会有文化。

广义的理解,文化又可以分为自然文化和社会文化两种。自然文化属于对自然界认识方面的知识,从小学开始到博士生课本上,讲到许多自然常识、物理、化学和生物学定律、规律等无疑都属于自然文化,这些东西是不带感情的,表述它们的语言也很严格,人类可予以利用,却无法把它们改变,答案具有唯一性。如果有人说他可以让作用力大于反作用力,那么他一定是牛顿三定律没有学透。而社会文化则是人对包括自然知识在内的所有事物的认知,知识积累到一定程度后就会产生一些观念,特别是对人类社会中人际关系的态度则是社会文化的主体内容,电影、戏剧、网络、出版物等则是社会文化的载体和媒介,它们蕴含着人的思想、道德、观念等,最通俗的解释就是人们对社会事物的看法,对同一事物可能有多种态度和看法,答案大都不具有唯一性,而各类媒体则是表达看法的工具和载体。

自然文化是人们对大自然的了解和态度，社会文化实际上就是人的社会属性，对所有社会现象的态度。内容非常广泛，比如，属于生活领域的有饮食文化、茶文化、酒文化等；属于地域范围的有地理文化、西方文化、东方文化、校园文化、国家文化等；属于群体方面的有民族文化、宗教文化、企业文化、青年文化等；属于行业方面的有工业文化、农业文化、工人文化、农民文化等；属于时代方面的有古代文化、近代文化、现代文化、未来文化等，每一种文化都有其相应的属性和观念。

从总体上讲，在人类社会文化的发展过程中，自然文化的发展是决定性因素，回忆人类社会和文化发展史，每经历一次科学技术革命，都将推动社会文化的蓬勃发展，如果自然文化停滞不前，社会文化只能横向发展或停滞不前，甚至倒退。有些文化是比较稳定的，如传统文化，因为是来自久远的年代，已成为人们的习惯或思维定势，很难改变，可能长期存在。

一个人的学历高低与其文化水平虽有关系但是不能画等号，总的来说，学历是证明一个人按规定所达到的知识水平，而文化则还应包括道德观念、思维逻辑、精神风貌、人性追求和信仰等内容。文化观念是一种刻在人们大脑里，融化在血液中的意识形态。

武器装备采办管理和研发领域也有自己的文化，随着武器装备的发展，其文化也在不断形成和发展。但就整个人类而言，由于各国发展情况不同，其武器装备采办管理文化也各不相同，但基本上可以归纳为两大类：一是传统采办文化，二是先进采办文化。传统采办文化产生于武器装备发展的机械化阶段，武器装备的战术技术指标较少，同类装备的战术技术性能比较容易衡量，发展这方面装备重点需要金属、机械、燃料和火药等知识，在理论上主要以力学、金属、化学和电学等为基础，信息化方面的内容较少，所以，管理方面的要素如主要战术技术性能、费用、进度等比较容易计算和把握，甲乙双方只要认真负责和按合同或计划办事就可以完成任务，不需要多么高深的管理理论作指导。在那种技术条件下也不可能产生系统的采办管理理论与方法，只有在装备科技发展到一定程度后，客观情况提出了需求，新的采办管理理论与方法才会随之产生。

先进采办文化的形成也不是孤立的，它与人类文化事业的进步、科学技术以及经济的发展都有密切关系，在人类文化发展史上，很早就有先进文化的因素,但由于科技、经济不发达,社会制度的桎梏,落后文化的制约,致使先进文化很难发展起来,更不可能成为某个社会主流文化。只有生产力发展到一定程度后,并进行应有的改革,这种情况才有希望成为可能。

近年来,现代武器装备的发展早已进入信息化时代,并已开始向智能化时代迈进,高性能、高效能、高复杂性、高费用的装备不断出现,可以预料,由于不少国家争相研发更先进的武器装备,在今后相当长的一段时间,这种趋势必将持续下去,甚至竞争更加激烈。

仅目前的报道,已有美国、日本、俄罗斯、英国、欧盟各国、印度等多国都高调提出了六代机的研发规划和计划,有的是几个国家联合研发。美国实际在研发三型六代机,即轰炸机型B21、空军型和海军舰载机型,六代机在航速、航程、升高、隐身、导弹性能、信息化、武器种类、人工智能和无人化方面等都将明显优于五代机,并有可能装载定向能武器,极大可能是有人

图3-1 2021年12月9日,F22、F35与无人机XQ-58首次搭配编队飞行

驾驶和无人机搭配,如图3-1所示,高度信息化和智能化是必然选择,作战样式也将适应新的战法。在未来10年左右成军,届时究竟能推出什么样的先进产品,国际同行们必将持续关注。美军已对现有战机F22和F35提出了"忠诚僚机"概念。自美国空军于2015年提出"忠诚僚机"概念以后,美国一些著名军工企业便纷纷加入了这一行列,并很快提出了各自的研发型号,如洛克希德·马丁公司臭鼬工厂研制的"海弗突袭者"Ⅰ、"海弗突袭者"Ⅱ,克拉托斯公司研制的UTAP-22"鲭鲨"、XQ-58A"女武神"和波音公司研制的"忠诚僚机"等。短时间内能交出这么多样品,说明其积极性之高。

随着人工智能、物联网、大数据、云计算、量子通信等新一代先进技术的快速发展及其在装备发展中的应用,战争形态已经不可避免地逐步由信息化战争转变为智能化战争,无人装备的不断涌现,表明了武器装备智能化、无人化和自主化时代的逐渐到来,如图3-2和图3-3所示。这也意味着比以往信息化时代具有更进一步的指挥高效、打击精确和智能行为。智能化装备的战

争形态虽然只是初露端倪,尚有许多具体应用的关键技术有待于突破,但已经显示出了其广阔的发展前景。

图3-2　无人装备 智能化战争

图3-3　美国海军网络中心战示意图

智能化时代到来了,但有人作战平台仍将长期存在。有人装备与无人装备的混合编队将是很长一段历史时期的战场形态,完全的大型无人战场将可能是比较遥远的未来。但是装备进入智能化时代对机械化和信息化要求更高了,总的来说装备战术技术指标更多、更先进,系统性更强、更复杂,真正做到科学管理更加困难。所以,提高管理水平是客观形势要求,势在必行,仅按过去的观念学习管理理论、掌握管理技术是远远不够的。这里提出一个新的问题,就是要建立现代先进装备科学管理文化,将先进文化融入整个武器装备发展管理队伍中,以提高现代化装备的高效发展,否则就难以完成这一长期而艰巨的任务。

3.2　现代武器装备采办乐为文化与先进思维文化

从形态上分类,人类文化可归纳为知识文化和思维意识文化,本书主要阐述后者。通过总结科学技术和武器装备发展的历史,可把这一先进文化归纳为两点,即乐为文化和先进思维文化。乐为文化表现为管理和研发技术人员对发展现代武器装备具有满腔的热情和浓厚的兴趣,高度自觉、专注精力、异常勤奋、敢于冒险、善于集中团队智慧和乐在为装备发展事业的奋斗之中;先进思维文化表现为具有忧患思维、系统思维、效能思维、创新思维、优势思维和优化思维。通俗地说就是对装备发展事业的热爱和浓厚的兴趣,在管理和具体技术开发工作中充满着科学的思维方法。如果作为这一领域的人都具有这种工作精神和思维意识,装备发展事业必将前程辉煌。

3.2.1 乐为文化

1. 概述

人类从事的任何社会活动都是有目的的,现代社会大多数人们从事社会工作大致可以归纳为三个出发点:一是为了谋取某种直接利益;二是出于某种责任和义务;三是出于爱好和兴趣。由于目的不同,这三种情况各有自己的文化观念,它们所适应的工作范围和效果也不一样。但也不能绝对化,这三种情况都有利益、责任和爱好兴趣的成分,对普通劳动者来说,直接利益占主要成分,而责任和爱好是次要成分,对这类情况可以主要采用常规标准化的形式进行管理;而第二类情况应采取以责任为主并结合标准和激励等综合手段进行管理。

这里重点阐述的是第三种情况,这种情况的管理历来都是最为复杂的。第三种情况中有哪些人?在中国古代社会常被称为"士",是诸侯、卿大夫与平民之间的一个阶层,那时的谋士、学士、武士、中低官吏等,孔子所培养的学生也大都属于这个阶层,这些人大都有一技之长。在中国历代社会中,士的形象光辉至大,孔子对士的形象描述为"士志于道,而耻恶衣恶食者,未足与议也。""士而怀居,不足以为士矣。"曾子也说:"士不可以不弘毅,任重而道远。仁以为己任,不亦重乎?死而后已,不亦远乎。"士把解万民于水火和济天下苍生作为自己的使命,"仁以为己任",这是士所追求的道,要弘大刚毅之德,要长期不懈地奋斗,甚至死而后已。士还要以义为先,不惧危难,不辱使命。孔子晚年的得意学生子张说:"士见危致命,见得思义。"孟子说:"生,亦我所欲也,义,亦我所欲也。二者不可得兼,舍生而取义者也。"这种关于士的道德观念影响了中国社会几千年,在中华民族漫长历史中,他们的文化观念是对上忠于国家民族,对下负责黎民百姓,他们用自己的理想、信念和智慧服务于社会,以顽强、坚韧、正直的精神奋斗,始终是中华民族坚贞不屈和社会稳定的脊梁。

现代社会中也存在着这样一个阶层,也起着类似的作用,只是由于社会的发展,这个阶层的人数空前壮大,比如,大学教师、公务人员、科技研究人员、医生、军官等,军队武器装备采办项目管理人员和军工企、事业单位中的装备设计人员无疑也属于这个阶层。因为这个阶层的特殊性,客观要求应该具有自己的文化,而且应具有较高造诣的这一特殊专业文化,这一文化可归纳用乐为和先进思维来表述。

2. 乐为文化

通俗地说,就是当一个人特别乐意做某种事情,达到了热爱和浓厚兴趣时,就认为已具有了这种意识,概括为乐为文化,当一个阶层或群体都以这种意识形成风气和占据主导地位时,就成了群体文化,这正是这一领域所应具有的先进文化。爱因斯坦说:"热爱是最好的老师。"这种文化意识可视为科学技术工作者的灵魂。热爱和兴趣是所有顶尖科学家和发明家们不竭的动力,无一例外。中国民间长期以来一直流传着这样一句话:书山有路勤为径,学海无涯苦作舟。我总觉得对现代社会来说,这句话的格调低沉,因此,这句话应改为书山有路趣为径,学海无涯乐作舟。这是现代所有热爱科学技术人士的共同精神表现,实际上这也应该是各行各业先进文化的本质现象。

这里列举大量事例来分析说明乐为文化的主要表现,并尽量引用世界上最伟大的科学发现、发明和技术进步的代表人物的事例,因为这样才能更加有力地说明问题。

1) 主动自觉

由于有了乐为意识,对所从事的工作已从责任上升到了热爱和兴趣的程度,所以,做起来总是习惯性地几乎是一直在思考和工作。所有的伟大科学家、发明家、优秀的武器装备总师和采办主管们无一不是属于这类人物。这些人士由于乐为精神的作用,对所从事的工作一般都具有高度的主动性和自觉性。他们自己知道什么时候该做什么工作,该做到什么程度,他们的主动性和自觉性常常超乎一般人的想象。

爱迪生的发明共有 2000 种之多,在专利局登记过的就有 1328 项,按照他享年 84 岁 8 个月 7 天计算,平均每 15 天就有一项发明,其中包括留声机、电影、电灯、蓄电池等对人类生活和生产有重要影响的发明,这些发明不是别人提出要他发明的,都是他通过自己主动自觉辛勤劳动发明的。在这些发明过程中,经常是他的助手们认为已经可以了,但他认为还不行,还应该进一步改进和完善(图 3-4)。这类故事太多了,爱迪生所有重要发明无一例外都有这个经历。

以发明电灯为例,试验过的植物纤维灯丝材料有约6000种,还有许多金属材料,曾选用的一种竹料做的灯丝使灯泡寿命由几小时、几十小时、几百小时提高到1200小时了才认为基本成功,并向社会出售。爱迪生仍不满足,并继续研究,后来又用了化学纤维代替竹灯丝,灯泡质量又提高了一步,最终又改用钨丝,发光效果和寿命又提高了数倍,这项成功的发明照亮了全世界。

后来,当人们认为某项发明具有划时代重大价值时,常用可与电灯的发明相媲美的比喻予以形容。在这项发明过程中,爱迪生经历了无数次失败,困难和挫折形影不离,批评、责难和嘲讽也不时向他袭来,但他从不动摇(图3-5)。有了一些成绩后,他也不是就此满足,总是想如何做得更好,直到认为满意为止。爱迪生发明电灯成功后,社会各界人士纷纷发表评论,其中不乏过去持怀疑和指责态度的人,其中一个在当时社会上有相当声望的人在一次科学团体会议上说:"过去,我们对爱迪生曾经有过不少冷酷的指责,其中我本人也许称得上最为严厉的一个。现在我感到非常荣幸,能够利用这个宝贵的机会宣布我的信心:我完全相信,爱迪生先生已经彻底解决了他所要解决的问题,并使他的任何对手,除了甘拜下风以外,是不可能再有其他表示了。"

图3-4 这留声机还是不够理想!

图3-5 爱迪生静静地注视着新灯丝的变化

在发明蓄电池时也有类似经历,他坚定地认为电可以储存起来,这个储存电的东西就叫蓄电池。但最初做起试验来却是失败!失败!失败!当他做了几万次试验以后才算取得了一些成绩,做出了一些蓄电池样品,这以后又经历了解决使用寿命短、漏电、没有足够机械强度等问题,但最终还是制成了当时认为相当理想的镍铁碱电池,这一发明整整用了10年时间。

科学上的一个发现,技术上的一项发明,装备上一种新颖的设计,是不是科学成功,当事人自己一般都是可以判断出来的,具有乐为精神的科学家、发明家和设计师们会连续不断地思考和完善,直到认为满意为止。其他人可以去了解情况,但往往并不需要督促,其他人也不可能了解那些具体的思路和进一步的具体设想,其他有关人员需要的主要是做好保障工作。这可以说是所有重要发现和发明的共同规律。比如,牛顿,直到晚年还在研究微积分,研究为什么会有那些自然规律。爱因斯坦直到晚年还在研究各种力的大统一理论,这些都是他们的主动行为,没有人给他们下达任务,也不可能会有什么人去布置这样的任务,浓厚兴趣是产生不竭动力的源泉。

2)异常勤奋

异常勤奋是乐为文化的又一个特点,这个特点也是许多伟大的科学家、发明家和大型武器装备优秀设计师们的共同特点,也可以说对高难度的发现、发明和设计是勤奋的结晶,他们在从事这些研究的时候,常常是不知疲倦和忘掉自我地工作,因此,其工作效果必然超过一般人的想象。

由于爱因斯坦发现了相对论这一伟大成就,使他成为与牛顿齐名的伟大科学家,赢得了全世界人民的尊重和赞扬。因此,都认为他是一个聪明绝顶的天才,尤其是很多年轻人都希望能知道他发现相对论的奥秘,而爱因斯坦却向他们赠送了一个简单的公式:

$$A = X + Y + Z$$

并解释说:"A 代表成功,X 代表艰苦的劳动,Y 代表正确的途径和方法,而 Z 代表不讲空话……"爱因斯坦正因为深知自己的发现是怎样取得的,所以,常表现出对外界许多颂扬之词不屑一顾。在一次宴会上,人们为了表示对他的敬意,对他说了很多赞美他多么有天才的话。爱因斯坦却对赞美的人们说:"如果我相信你们的好话是真的,那我就是一个疯子,正因为我不是一个疯子,所以才不相信。"

两次获得诺贝尔奖的居里夫人说："我丝毫不为自己的生活简陋而难过。唯一使人遗憾的是一天太短了，而且流逝得如此之快。"和她共同第一次获诺贝尔奖的丈夫比埃尔·居里在一次车祸中遇难，比埃尔葬礼举行不久，她就忍受着失去丈夫的痛苦上班继续着原先的研究，她经常回忆起丈夫生前曾说过的那句话："无论发生什么了，即使一个人成了没有灵魂的躯体，还应该照常工作。"后来，居里夫人又获得了一次诺贝尔奖。

至今，爱迪生仍然被看成是世界上第一发明家，在美国有人赞颂当代发明家时常冠以爱迪生式的发明家或当代的爱迪生等。人们都认为爱迪生是个天才，满脑子都是灵感。有一次当人们请爱迪生谈谈对这个问题的看法时，爱迪生微微笑了笑，说："天才嘛，那是百分之九十九的汗水，加百分之一的灵感凑合起来的。"这正是爱迪生一生的真实经历，在实验的紧张时期，研究所内别人两班倒，他却是上两个班。常是吃饭时在想，走路时在想，甚至睡觉时也在想，如图3-6所示，这种状态一直陪伴他走到了82岁身患重病那一刻。还比如发明家特斯拉等都有类似的故事。

图3-6 怎么能用得再长些时间呢？

由于对自己所从事的科技事业的热爱，已经达到了以苦为乐的程度，这也可以说是古今中外从事任何领域研究工作的一个普遍现象。孔子所教的学生都是学习和研究当时文化的，这些学生成绩也不一样，弟子三千仅有七十二贤，而颜回则是七十二贤之首，极富学问，非常勤奋刻苦，因此，孔子对其评价说："……一箪食，一瓢饮，在陋巷，人不堪其忧，回也不改其乐……贤哉，回也。"如图3-7所示的场面，他在很简陋、很困难的环境中研究学问，别人看了都为他忧愁，可是颜回自己却仍然很快乐。孔子是很少表扬他的学生的，颜回是他表扬最多的一个，主要赞赏颜回的刻苦勤奋学习精神和为人。

马伟明院士没有节假日，在研究工作的技术攻关岁月，曾在大年初一仍在进行实验研究，午餐只让他夫人煮几个鸡蛋送去充饥。

很多人都知道马克思的话："在科学的道路上没有平坦的大路可走，只有在崎岖小路的攀登上不畏劳苦的人，才有希望到达光辉的顶点。"这是科学的结论。这里并非提倡人们去学习那些故事细节,而是重在理解其规律性。

3)痴迷学习

科学技术上的发现、发明和创新是需要有一定知识基础的,不然就可能出现两种情况:一是因为知识基础不够而难以通过思考得出新颖的思路;二是所研究的问题可能是别人已经研究过的,并已经得出了相应的结论。

所有伟大的科学家和发明家,在他们对某个问题产生了兴趣后,为了完成他们所追求的研究目标,都是首先努力学习相关知识,他们努力学习的程度超出一般人的想象,这是一个共同的规律。在两千多年前的春秋时代,孔子就深知思考和学习要有机结合的道理,说道:"学而不思则罔,思而不学则殆。"有些伟大的科学家和发明家,他们年幼时都是普通的孩子,并非人们想象的都是神童,虽然不少人有愿意奇思遐想的特点,但学习成绩却是一般。像牛顿、爱因斯坦、巴斯德、爱迪生等都是属于这类情况,但他们都必定迟早要进入痴迷学习的状态,一旦进入这种境界,他们的学习和深思程度就将远超想象,通过更广泛的学习和思考往往会悟出自己独到的结论,甚至推翻已有的不科学的旧结论,实现新的科学技术进步;也有的一开始就知道学习知识的重要性,就能把学习知识和兴趣爱好结合起来。不管什么情况,欲要做出重要的发现、发明和创新,努力学习相关知识都是不可缺少的前提条件。

被称为原子核物理学之父的卢瑟福,获得了1908年诺贝尔化学奖,他的学生和助手中竟有多达8人先后获得了诺贝尔化学奖和诺贝尔物理学奖,他的实验室被人称为"诺贝尔奖得主的幼儿园",可见功绩之大。卢瑟福在读书时精力异常集中,周围有什么干扰,他全然不知,如图3-8所示。有接近他的人说,卢瑟福在看书时,就是用手敲他的脑袋,他也感觉不到。

图3-7 颜回的简单饮食让孔子感慨

图3-8 在闹市环境读书也不受干扰

发现和确定了细菌、病菌的存在并创立了免疫学的巴斯德，因家里贫穷，生活艰难，9岁上小学时，他知道家里让他上学读书的不易，所以，比别的孩子更知道努力学习。在小学时代的巴斯德，是个很普通的孩子，用老师的话来说："他的脑子并不灵活。"不过他有一个明显的特点，就是做功课特别认真，他总是反复验算每一道题目的答案，从不在乎别人讥笑自己脑子慢。他还被同学们称之为"怪人"，不论别人打斗或游戏得多么热闹，他从不理睬，而是一心埋头书本，仿佛周围一切都没有发生似的。巴斯德这种精神的坚持不懈，成就了他伟大的追求。

爱迪生自幼对自然现象感兴趣，8岁上学后，发现学校只有一个班级，唯一的老师恩格尔经常拿皮鞭打学生，爱迪生对此很反感，对老师课堂上讲的东西不感兴趣，再加上爱迪生问一些让老师难以回答的问题，导致两人之间的关系紧张。当督学来学校视察时，恩格尔特地汇报了爱迪生的情况，说爱迪生这个学生很怪，说他聪明吧，考试成绩全班倒数第一，说他笨吧，也不是，经常提出一些古怪的问题，怎么说呢？应该属于聪明和笨之间的那一种，是糊涂虫，并建议开除。恩格尔对于督学的这些汇报让爱迪生听到了。爱迪生立即跑回家，告诉了母亲南希，南希很生气，立即领着爱迪生要和恩格尔理论一番。恩格尔哪里能听进南希的解释，说："令郎在学校不好好学功课，倒挺会捣蛋，在课堂上问什么二加二为什么等于四？你说，这不明明是捣蛋吗？二加二不等四还能等于几？"南希说："你不了解这孩子的性格。"恩格尔大声吼道："我不管什么性格不性格，我只管教书！"南希索性让爱迪生回家自学。因为南希也当过教师，所以，在家里指导爱迪生学习。细心的母亲逐渐发现，爱迪生对物理和化学特别感兴趣，就特地买了本《派克科学读本》给他学习。这本书在当时美国社会上是很有名的自然科学著作，专讲如何通过实验证明物理和化学定律等道理。爱迪生如获至宝，他一边亲手实验，一边体会着其中的道理，只要能试的，他绝不放过。这使他养成了结合发明实际认真学习的习惯，他的许多发明都离不开知识的获取。他曾经说："读书对于智慧，就像体操对于身体一样。"

2005年，乔布斯对斯坦福大学毕业生说，希望毕业生们能够永不满足地追求心中的理想，哪怕有时候在别人看来自己的理想非常可笑，要求知若饥，虚心若愚。

可以说,所有杰出科学家和发明家都有类似的故事。

对现代武器装备的管理和研发来说,所涉及的知识空前广泛,特别是对大型复杂装备的研发,相关专业甚至多到数以百计,门类多,跨度大,尤其是目前处于知识大爆炸时代,知识量呈几何级数增长,在信息化、无人装备和人工智能领域,更是飞快发展,知识更新速度空前,用日新月异来形容也并不夸张。而人工智能是跨多学科的研究和应用,以机器学习为基础,涉及计算机视觉、语言处理、海量数据和超算等多方面的问题需要努力攻关。近年来,又出现了区块链、元宇宙等新科技。在这种局面下,也必然要求装备采办管理和研发人员的知识量和知识结构跟上发展的步伐,只有这样才能适应新形势的需要。

4)专注精力

中国古代军事家对军人倡导"从军之时忘其亲,出征之时忘其友,冲锋之时忘其身。"科学家和武器装备设计师们在面临突破关键新技术的时刻,何尝不是像冲锋陷阵的战士一样,忘掉自我,向着面前的技术难点顽强攻关。

牛顿在研究力学定律和万有引力时,由于精力过于专注,致使在其他方面显得很马虎、很笨。很多人都知道他给家里的两只猫做洞道的故事:他分别给家里养的一大一小两只猫分别做了一个大洞和小洞,当有人告诉他只有一个大洞就行了,因为小猫也可以走大洞的时候,他恍然大悟,并称赞此人真是聪明绝顶。因为满脑子都是科学公式,无暇顾及生活细节,他从不讲究享受生活,总是衣着不雅,心不在焉,常把袜子套在脚跟上,领带系不好,鞋带系不好,衣服扣不好,都是常事。据说,牛顿也曾和两个姑娘约会谈过恋爱。有一次经人介绍和一位姑娘见面,姑娘希望能从他那里听到动人的赞美和温馨的问候,可是他在姑娘面前却呆若木鸡,不知所云,脑子里还在思考着他的那些自然理论,这让女方见面后的第一感觉是这个人怎么如此漫不经心,日后若和这种人在一起必然无法相处,结果大失所望,这次约会不欢而散,后来也没有主动联系。还有一次更闹笑话了,他牵着姑娘一个手指,竟无意中将姑娘手指当通条往烟斗里放,这让姑娘大惊失色,不知所措,这次婚姻又成了泡影。牛顿本来生性腼腆,寡言少语,再加上满脑子都是科学上的问题,更无精力顾及生活上的事情了。从此,牛顿却再也不想搞什么约会了。后来他对朋友说:"为了科学,爱情与我无缘。"牛顿终生未婚。

他的助手亨夫雷曾经对人说:"我从未看见过他有过什么娱乐和消遣,或是出去散步和呼吸新鲜空气,或是掷球与其他娱乐活动。他总认为,如果时光不用在学问上,便算是过错了。"在他从事科学研究工作的 35 年间,总是日以继夜,很少在夜里两三点钟前上床睡觉,有时通宵达旦,常是在实验室里一连工作十七八个小时,吃饭也是别人送去。有人问过牛顿:"你用什么方法做出那么多发现呢?"牛顿回答说:"我没有什么方法,只不过对一件事情,总是花很长时间很热心地考虑罢了。"图 3-9 表述的是牛顿对问题的思考。

中国数学家陈景润于 1973 年完成了世界性数学难题哥德巴赫猜想"1+2"的证明,这让他顿时成了闪烁于全球数学界上空的一颗新星。在推导证明过程中,他几乎忘掉了外界的存在,几乎是昼夜不分地在研究着,如图 3-10 所示。在他那一间狭小的办公室中,到处堆放着一摞一摞的数学推导底稿,又赶上了在那个生活困难的年代,营养缺乏,除了清醒的大脑,瘦弱的身体给人印象已未老先衰。有一次,他低着头,蹒跚地边走边思考着怎么进行下一步推导证明哥德巴赫猜想的"1+2"问题时,忽然撞到了一棵树上,他也没有抬头,只是随口说道:"对不起!"在那专注研究的年代,他也无暇考虑婚事,直到 1977 年已 45 岁时才在组织帮助下成婚。

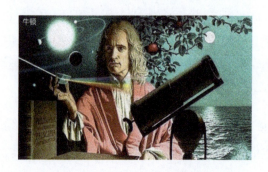   

图 3-9　牛顿对问题的思考　　　　图 3-10　下一步怎么推导呢?

欧洲文艺复兴时代浪漫主义画派的典型代表德拉克洛瓦曾说:"无论哪一行,都需要职业的技能。天才总是应该伴随着那种导向一个目标的有头脑的不间断的练习,没有这一点,甚至连幸运的才能,也会无影无踪地消失。"

准备登陆火星的马斯克在书中说:"急迫功利只能获得皮毛自由,基于事实和本源才能抓住事物本质,推动创新。"他的公司在招聘科技人才时,如果应招人员过于关注在公司内升职的前景如何,那将被直接淘汰,他认为这种人的格局非常有限,来公司后不可能专注于事物的本质而从事创新,他的用人标准是既有真才实学,又有能专注于对事物追源求本的潜质。

2022年诺贝尔化学奖颁给了三个人,其中一个是已于1971年得过一次诺奖的美国人夏普利斯,因发现点击化学又获奖。他是上海化学研究所董佳家研究员的导师,因此,董佳家对此人很了解,他这样说夏普利斯"他对其他事情都不在意,完全由好奇心驱动地做研究。心里只有科学。纯粹、毫无功利。"自己拿多少钱不知道,去机场忘记带护照是经常的事。他提倡做原创性发现,好奇专注。在1970年的一次实验中发生了事故,一只眼被炸致残,用另一只眼继续研究。世界上最著名的科学家、发明家、技术和管理专家中,不一定是同行业最聪明的人,但有一点是共同的,就是都异常勤奋和精力专注。所有做出了伟大贡献的人中,都无人认为自己是仅由于聪明和灵感所就,总有人想从他们那里寻找取得伟大成绩的诀窍儿,或对他们极尽赞美之词,可是,得到的回答归纳起来只有一句话:勤奋劳动和专注精力思考。

5)不怕阻力

因为伟大的发现都是处于当代科学最前沿的真理,特别是有的发现要推翻和否定以前的结论,改变人们的传统观念,重要的发明也是类似的道理。所以,科学上伟大的新发现和技术上的新发明,在最开始提出来的时候,常常会受到一些人的反对,经过实验和实践证明之后,才会被人们接受,这也是人类科学进步史的客观规律。新的发现和发明受到的责难和打击是多方面的,有的说提出的新东西是错误的,不符合以前公认的结论;有的认为所从事的研究难度太大,不可能完成;有的认为所从事的新研究是在反对某权威,这是不可接受的;有的认为不具备研究条件等予以反对。

在一些具有伟大意义的研究刚提出和进行过程中,常会遇到来自各方面的冷嘲热讽,甚至迫害打击,这种现象在人类科学技术发展史上比比皆是,但是由于先进的乐为文化意识已融入了伟大科学家、发明家的血液,会使他们非但不怕各种阻力和打击,相反却使其意志更加坚定,致使最终取得了胜利,为人类社会的发展做出了贡献。

这里多举几个为追求自然发现而忘我奋斗和不怕打击的科学家的故事,目的是品味出什么是具有先进乐为文化的人,以及进一步了解划时代发现者的共同人生轨迹。

大约在500年前,哥白尼在欧洲宗教横行的当时,勇敢地提出了"日心说",经过了32年的潜心研究,于1532年春天,完成了《运行》这部伟大的科学著作,这是天文学的一次重大革命,它让人类发现了新的宇宙观。可是,因为违背了教会的"地心说",哥白尼被教会视为眼中钉,一直遭到教会的监视和迫害,还剥夺了哥白尼的结婚权利。支持哥白尼学说的人们也被迫害,主教甚至以破坏教门清规为由,迫害哥白尼的全家,妻子安娜不得不和他脱离关系,并被驱逐出境。教会还不择手段地对哥白尼进行人身羞辱,但作为教会一员的哥白尼始终没有妥协和屈服,坚持向教会的神学权威挑战。在他的唯一门生——德国威腾堡大学教授列提克帮助下,加紧《运行》的出版工作。由于出版商在教会授意下,偷换了哥白尼的《序言》,企图使科学迁就神学。当时这部被按照教会授意修改的科学著作送到久病不起的哥白尼面前时,他吃力地用那苍老的手触摸了一下,约一个小时后,哥白尼便与世长辞了。有时为了追求科学需要有大无畏的精神,在研究工作处于最艰难的岁月时,哥白尼曾说:"人的天职在于勇于探索真理。"

伽利略由于发明了望远镜,对天体的观察更清楚了,他进一步证明了哥白尼学说的正确性,并有了许多新的科学发现。在1611年,宗教裁判所把伽利略列入了黑名单。教会的御用学者攻击他在望远镜中的发现是"大逆不道,亵渎神灵"。宗教裁判所的红衣主教威胁伽利略必须放弃"异端邪说",不许散布。1600年,布鲁诺因反对地心说的宣传而被活活烧死,伽利略深知反对地心说的严重性,但他说:"任何强制的做法,都不能让我改变地球确实在转动的事实!"伽利略在病中给罗马教皇乌尔班八世的长信中说:"我并没有同教会作对,因为我也是教会中的一员,但我是科学家,科学家的良心让我必须尊重客观事实……"伽利略被百般折磨,1633年6月22日,宗教法庭的主审法官当众宣读对伽利略的判决书,命令伽利略的《关于两个世界体系的对话》一书为禁书,把他关进监狱,终身监禁,图3-11所示是对伽利略审判的场面。当他在判决书上签字时,仍倔强地对法官说:"真理不可能被压倒,我绝不放弃一个科学家该做的事。"他在狱中还完成了《新科学对话》一书。

图3-11 伽利略因伟大科学发现被判终身监禁

由于残酷的打击和折磨，伽利略双目失明了，迫于社会舆论压力，教会同意将伽利略监禁在家里，但规定"三年内必须每周唱七首忏悔的歌……"回家后不久，唯一的亲人小女儿离开了人世。他承受着迫害、病痛和失去亲人的多重折磨，仍顽强地继续着他的研究，终于在一个学生的帮助下于1640年完成了《运动的法则》这部伟大的著作。次年冬天他停止了呼吸。

1979年11月10日，罗马教皇在一次集会上公开正式承认了教会法庭对伽利略的审判是不公正的，是"错误定罪"。可是这离伽利略被迫害致死已经过去了三个多世纪了。伽利略科学思想的光辉早已照遍了全世界。欧洲人为了纪念这位伟大的科学家，用伽利略的名字命名了欧洲卫星导航系统。

全世界凡是读过中学的人都会知道牛顿发现了万有引力，揭示了力学规律，实现了天地的统一，至今为止他仍被排在伟大科学家之首，被人们称为近代科学之父。但牛顿的万有引力理论提出来以后，也招来一些激烈反对，当时欧洲的许多著名学者，如荷兰的惠更斯、德国的莱布尼茨、法国的笛卡儿等著名物理学派，都是牛顿万有引力学派最激烈的反对者。他们找出种种理由，从科学上和逻辑上对牛顿的万有引力理论进行否定。后来万有引力理论被事实证明了，才平息了这场争论。

1859年9月，达尔文经过了20年研究和孕育，《物种起源》这部划时代的巨著出版了，一出版就受到了进步科学家赫胥黎等人的支持。年轻的恩格斯看到《物种起源》后，写信给马克思说："我现在正在读达尔文的著作，写得简直好极了。"图3-12是表达达尔文对物种起源的思考。然而，来自教会的恶毒诽谤和无情打击，远远超出了达尔文的预料。教会指责达尔文学说从根本上动摇了一

图3-12　物种起源的发现

千多年来用《圣经》中的教义堆砌起来的宗教大厦，神学教授们惶惶不可终日，他们通过一切可利用的形式和各种场合，大肆攻击、诋毁和谩骂达尔文的学说，什么"异端邪说""牲畜的哲学""撒旦的咒语"等，把能找到的最坏的、最肮脏的修饰词都用上了，暴风骤雨般地向达尔文学说扑来。1860年，英国科学

协会在牛津开会,声讨达尔文和他的《物种起源》,爆发了一场短兵相接的神学和科学的论战。达尔文和他的支持者们,用无可辩驳的事实,回敬了牛津大主教的责难,赢得了听众的热烈喝彩。真理终究是要战胜谬误的,这次论战扭转了不利于达尔文进化论学说的形势,初步确立了进化论的学术地位。就连达尔文的论敌也逐步明白,进化论学说是科学的,有着巨大的意义。

达尔文一生都献给了科学研究事业,出版22本著作及80多篇相关论文,每部著作和论文都有自己的发现和独到见解。虽然《物种起源》曾被认为触犯了上帝,声讨他的声浪长达20年之久。在他的理论受到最激烈攻击的年代,也没有丝毫动摇过,总是态度坚定地应对各种质疑和攻击谩骂。

麦克斯韦发现的电磁波理论,指出光、电、磁现象的内在联系及统一性,在物理学上具有划时代的意义,但是由于太抽象,很长时间不被人们理解,图3-13表述的是长期不被理解的电磁理论。只有极少数人支持他的理论,许多物理学家都因难以理解他的抽象理论而持观望和怀疑态度。但是他坚信自己理论的正确,仍坚持不懈地宣讲电磁波理论,可听课者极少,最后只剩下了两个人在听讲,一个是从美国来的研究生,另一个是后来发明电子管的弗莱明。空旷的教室,只有前排坐了两个学生,但是麦克斯韦总是夹着讲义,步履坚定地走上讲台,清瘦的面孔,目光闪烁,表情严肃庄重。他坚定地相信电磁理论的正确性,他似乎不只是在向两个学生讲课,而是在向世人解释他发现了划时代的新理论。

麦克斯韦的后期生活充满了烦恼。他的学说长期被冷遇,妻子又久病不愈,再加上工作劳累过度,终于在十分寒冷的1879年冬季去世了,终年只有49岁。后来赫兹的实验证明了电磁波理论的正确,人们才理解了电磁波的真实存在,可那时他已经离开人世11年了。在2000年,英国评选的十大物理学家中,麦克斯韦的得票数仅次于牛顿和爱因斯坦,位列第三。他建立的表达电磁场变化规律的微分方程组,被英国科学期刊《物理世界》读者们评选为迄今10个最伟大的公式之首,说明该公式多么有科学价值和重要意义。

如图3-14所示,表述的是电磁学的发展历程。青年时代的杨振宁曾特地从美国去英国剑桥大学图书馆查阅麦克斯韦推导电磁方程的手稿,想知道他到底是怎样思考问题的,怎么把这组完美的方程组推导出来的。

图3-13 长时间不被人们理解的理论

图3-14 电磁学的贡献者

之所以被列为伟大公式之首,一是因为该组方程对空间电磁场的变化规律表达科学严密;二是他的理论应用广泛;三是他的电磁波理论提出以后长时间不被人们理解和被冷遇,赫兹的一系列试验终于在1888年证明了电磁波的真实存在后,轰动了全世界科学界,也引起了人们对麦克斯韦的深切怀念。图3-15描述的是电磁波传导形式示意图。

图3-15 电磁波传导形式示意图

夏普利斯因提出点击化学而第二次获得诺贝尔化学奖,可是当初提出这一原创性发现后,曾遭受大量抨击和批判,包括著名合成化学家和他的老朋友们。有一些同行甚至认为夏普利斯疯掉了,他做学术报告时,有些人不是去听内容,而是专门去看看他到底疯成什么样子了。

类似的事例很多,不但伟大科学发现和发明如此,就是一般性科技进步也是如此,只是问题的性质不同,影响的范围不同,但却是一种普遍现象,是客观规律,连袁隆平在研究杂交水稻初期也有阻力和不信任的声音。在科学技术发现、发明和技术进步事业中,遇到各种阻力是正常现象,要前进就会有阻力,甚至是打击,当事者不但要克服技术上的困难,还要忍受和冲破人文环境阻力,所以,在装备采办领域,应努力创造这方面良好的社会氛围。

6) 敢于冒险

在发展科学技术事业中,实验往往是不可缺少的重要环节,特别是某些发明创造和科技进步,实验是必不可少的,而有些实验又是具有一定危险性的,在实验方案设计中,尽量提高安全性,降低不安全因素。但在有些实验中很难将发生事故概率降低到零和使可靠性达到 100%,这就意味潜藏着一定的发生事故的概率,参加实验的人员就得具有一定的冒险精神。具有乐为文化精神的人则不会在一定危险面前踌躇不前,相反会欣然接受一定的冒险性。这在科技发展史上也是不乏其例的。

很多人都知道诺贝尔研究炸药的故事。因为黑色火药威力不够大,诺贝尔试图研究一种新的威力更大的炸药,诺贝尔的哥哥也曾做过这方面的研究,但没有成功。后来诺贝尔和他的弟弟一起建立了一个制造新炸药的实验室,继续哥哥的研究。图 3-16 描述了诺贝尔在思考问题时的状态。经过多次实验,终于发明了使硝化甘油爆炸的有效方法,并取得了这项发明的专利权。但意外降临了,1864 年 9 月 3 日,在实验室试验中发生了爆炸,当场炸死了 5 个人,其中包括诺贝尔的弟弟。这场事故不

图 3-16 正在深思的诺贝尔

仅让诺贝尔失去了亲人,也失去了人们的信任,邻居们都反对他继续在附近办实验室。但诺贝尔没有就此停止研究,而是把实验室搬到了一条船上,几经波折之后,诺贝尔终于研究成功了硝化甘油炸药,还建立了世界上第一个硝化甘油工厂。但起初生产的硝化甘油稳定性差,事故频发,运输这种炸药的火车、轮船和储存厂房不时发生严重的爆炸事故,影响很不好。但诺贝尔丝毫没有灰心,又经反复研究,使这种炸药只有用雷管才能引爆,而不管如何颠簸,从高处往地上扔,甚至在炸药上点燃木柴等,炸药也全然不会爆炸。诺贝尔最终制造的安全炸药才得以向全世界推销。

莱特兄弟是飞机的发明者,哥哥是威尔伯·莱特,弟弟是奥维尔·莱特。经过几年努力,莱特兄弟于1902年10月10日在美国北卡罗来纳州小鹰镇试飞了短距滑翔机。于1903年12月17日,首次试飞了完全受控、依靠自身动力、机身比空气重、持续滞空不落地的飞机,也是世界上第一架飞

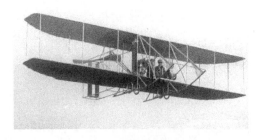

图3-17 莱特兄弟发明的第一架有动力飞机

机,称为"飞行者一号"双翼机,飞机是人类历史上最伟大的发明之一。图3-17和图3-18分别是莱特兄弟发明的首架飞机并亲自驾驶飞机的图片。莱特兄弟不停地改进和飞行试验,在1908年9月17日的试验飞行中,飞机坠毁了,这次飞行中的乘客,陆军观察员托马斯中尉受伤身亡,而驾驶员奥维尔·莱特左腿骨折,还摔断了四根肋骨,图3-19所示是抢救因事故受伤和遇难者场面。奥维尔·莱特经过治疗恢复后,又义无反顾地投入到了他热爱的航空事业中去。1909年3月,美国陆军正式向莱特兄弟订货,同年7月30日莱特兄弟向陆军部交付了第一架军用飞机,还到法国建立了飞机制造厂。虽然后来人们制造的飞机在性能上不断进步,但当初莱特兄弟试验的飞机不断完善的过程可想而知,飞行试验中无疑是充满了风险,但兄弟俩面临着危险,义无反顾地进行着一次又一次的飞行试验,直到成功,兴趣和爱好使他们不惧怕冒险。

图3-18 莱特兄弟驾驶自己发明的首架飞机

图3-19 抢救飞机坠毁遇难者场面

被称为中国"保尔·柯察金"的吴运铎,图 3-20 所示是介绍吴运铎书籍的封面。他于 20 世纪 50 年代初撰写的自传《把一切献给党》,鼓舞了一代又一代青年人,还被译成俄、蒙、朝、日、英、乌克兰等多种文字,印刷了 700 多万册。苏联在莫斯科高尔基大街 14 号建立了"中国保尔纪念馆",吴运铎曾受过斯大林和毛泽东的接见。

图 3-20 终生献身军工事业的吴运铎

1991 年,吴运铎被命名为全国自强模范。2009 年,吴运铎被评为 100 位为新中国成立做出突出贡献的英雄模范之一。2019 年 9 月 25 日,吴运铎获得"最美奋斗者"个人称号。

吴运铎于 1939 年 5 月加入中国共产党,随后被派到新四军司令部修械所,在一处农舍的茅草棚里开始了军工生涯。在 10 年的革命战争岁月中,吴运铎随兵工厂从皖南到苏北,再到淮南,后来又转战淮阴、沂蒙山,再渡海到大连。在艰苦的条件下,他带着兵工厂成员们每年为部队生产子弹约 60 万发,修复了大量枪械,为了研发弹药,身上留下了上百处伤疤,4 根手指被炸断,左眼被炸致残,一条腿被炸断,他三次负重伤。

有一次发动机的摇柄突然掉下,砸伤了他的左脚,后来伤口发炎,他高烧 40 多摄氏度,左腿感染,医生挖去腐烂的肌肉,在踝骨处留下一个月牙形的大洞,他不得不拄着双拐走路。

第二次,为了修复前方急需旧炮弹,他从报废雷管中拆取雷汞做击发药,虽然事先用水浸过,但雷管还是突然在他手中爆炸,他的左手被炸掉 4 根手指,左腿膝盖被炸开,露出膝盖骨,左眼重伤,昏迷不醒 15 天。

第三次,1947 年在大连附近的试验厂,他是公司工程部部长兼引信厂厂长和党委书记,他和吴屏周厂长一起检查射出去的哑火炮弹时,突然炮弹爆炸,吴屏周厂长当场牺牲,吴运铎左手腕被炸断,右腿膝盖以下被炸劈一半,脚趾也被炸掉一半。因这次负伤面积大,抢救时医生怕他麻醉后醒不过来,做手术时没敢用麻药,但吴运铎硬撑了过来。用 X 光检查后,发现左眼里还有一小块弹片取不出来,医生告诉他有失明的危险,吴运铎却说:"如果我瞎了,就到农村去做一个盲人宣传者。"在病床上他利用尚存的微弱视力,坚持把引信的设计搞完,并让人搞来了化学药品和仪器,在疗养室里做起了试验,并成功研制了新型炸药。后来,在他主持下成功研发了多型火炮,还培养了不少兵工专家。

吴运铎在长期军工事业奋斗中不顾生死,成果累累,在遇到危险工作时,他总是把安全让给别人,把危险留给自己。抗日战争中,有一次美国飞机轰炸日军占领区时,投下的炸弹有8颗没有爆炸,为了消除隐患和取出炸药,吴运铎决定前去拆卸。因这8颗炸弹彼此距离很近,一颗爆炸就会引爆其他几颗,吴运铎让大家躲到安全的地方,独自一人前去谨慎拆卸,消除了安全隐患,取出了难得的炸药。吴运铎把一切献给了党,热爱军工事业,极大地体现了乐为文化观念,是中国人民革命和军工发展史上的一段传奇。

在人类科技进步的历史上,不知有多少不顾生死的人们冲在创新的前沿阵地上,遍体鳞伤,有的甚至失去了生命,但并没有吓倒热爱这一事业的人们,这一伟大的事业仍将传承着。有些领域的研发试验有危险,尽管在试验中努力提高安全性,但很难将安全性达到100%,但这阻挡不了科技前进的步伐。苏联和美国在航天领域探索中多次发生重大事故,曾有10多名宇航员在执行航天任务中遇难,但这一伟大事业仍在继续着。在武器装备研发领域,许多装备使用试验、各类飞机的飞行试验、潜艇的深潜试验、航母舰载机的起降试验、航天试验等,研发人员为了获取第一手资料,不怕危险,有时要身临其境,都体现了科学和技术探索的冒险精神。

7)淡泊名利

对既定阶层人士来说,名利历来都是一个重要、敏感和复杂的问题。从历史上看,凡是属于正常和谐的社会,无一例外地都很重视名利,并制定有相应的政策。名利的另一面是无私奉献、不计名利和荣辱不惊等精神。不论是过去和现在,国内和国外,有关方面都企图制定一种政策和提倡一种文化,使科学技术领域的发现、发明和技术进步繁荣昌盛,更好地促进社会的进步和发展。

从国内外这方面的历史综合分析后可以发现,有关部门都很重视解决该阶层人员的物质待遇和奖励的同时,也注意抑制追逐名利宣传,极力弘扬热爱科学技术工作的奉献精神。从看到的伟大的科学发现、发明和科技进步人物的介绍情况看,无不都是淡泊名利的,有很多这方面生动的故事。实际上这也符合客观规律,在科学技术上的前沿领域,真正要能够获得突破性的成果,是要下很大功夫的,企图一蹴而就的事情是不存在的,过去是这样,现在是这样,将来更是这样。全身心地投入都不能保证一定会取得重要的原创性发现、发明和技术进步,如果其他问题想得多了,明显分心了,甚至产生负面意念,那怎么可能完成重要突破性的研究任务呢!

《论语》里记载:子在齐闻《韶》,三月不知肉味。曰:"不图为乐之至于斯也。"孔子在齐国听到了《韶》乐,音乐《韶》是流行于当时贵族阶层的一种古乐,孔子对音乐很有研究,他听到《韶》乐以后,被吸引得痴迷如醉的程度,如图3-21所示。三个月中吃肉的香味都全然不知了,忘掉了心中其他欲望和感官的刺激,说明他已深深地体会到了《韶》乐的韵味。这段小故事也表明,只有心志专一才能体会到事物的真谛。

爱因斯坦常是一边吃饭,一边思考他所研究的问题,有一次一边吃着美食,一边思考着他的大统一理论,想着想着竟忘记了自己在吃什么东西了。由于总是专注思考科学上的问题,他甚至不会笑,有一次,摄影师给他和两个朋友合影,摄影师让大家都笑一笑,爱因斯坦不会摆笑脸,索性做了一个鬼脸,这张照片记录了爱因斯坦的这一窘态,如图3-22所示。

图3-21 孔子闻《韶》,三月不知肉味

图3-22 不善笑容的爱因斯坦只做个鬼脸

世界上具有划时代意义的伟大科学家和发明家无一例外都是淡泊名利的,至今没有发现有人是从名利出发取得了伟大的发现和发明,都是出于责任、出于热爱、出于浓厚兴趣而从事研究的。因此,他们心无二志,集中精力深入思考一个或某方面的问题,最终取得了伟大成果。其中有些人本来就是不缺钱的,只是为了探索真理而忘我研究。有的人取得成功后,名利接踵而来,但他们淡泊名利,一心所想的仍是探索科学技术上的发现和发明,而不是对那些名利津津乐道。

牛顿是在力学、光学、数学和天文学方面都有重大发现的科学家,有人称他是百科全书式的"全才"。但他说:"在科学的道路上,我只是在海边玩耍的小孩子,偶尔拾到一块美丽的小石子。至于真理的大海,我还没有发现呢!"牛顿一生都在思考和研究自然和哲学问题,20多岁时就已经成功发现了力学定律,微积分是他晚年研究的重点,58岁时研制出了反射望远镜,62岁时出版了著作《光学》。牛顿从20多岁起,先后被剑桥大学聘为研究员、教授,后来被任命为皇家造币厂监造员和厂长,曾被选为议员,担任皇家学会主席多年,是英国第一位被女王封为爵士的科学家等,收入是丰厚的。但金钱对他来说似乎是身外之物,他从未动脑把金钱用来享受,他曾研究过金融,便用一些收入投资南海公司股票,结果亏的钱相当于他当造币厂厂长10年的收入,这使他感慨道:我能够算准天体的运行,却算不准人性的疯狂。不管怎么说,他仍然在从事自然和社会学的研究,对如何披金戴银地享受毫无兴趣。

诺贝尔由于研究新型炸药成功,使他成为当时世界上闻名的"炸药大王",还有其他不少成功的发明,使他成为拥有大批工厂的亿万富翁,但他从不追求物质享受,43岁时初恋失败,有三次短暂不幸的婚姻,也没有留下后代。他在20个国家设有上百家工厂企业,却没有一栋豪华别墅,甚至也没有固定的家。他曾经对人说过,哪里有工作,哪里就是我的家。因此,他被称作"欧洲最富有的流浪汉"。许多接近他的人对他那清贫的生活很不理解,可他认为金钱只要够个人生活就行了,过多会压制人们的才能,会祸害自己。晚年了,他仍终日穿着破旧的衣服,带着满脸试验炸药时受伤留下的疤痕,不顾衰弱的身体,不停地在忙碌着他的发明研究。

1931年,为了纪念电磁感应定律发现100周年,英国皇家学会在伦敦举行了盛大的庆祝活动。电磁感应定律是法拉第这个当过报童和学徒的铁匠的儿子研究了10年时间才发现的规律。磁可以变成电的发现,使人类迈入电气化时代。这个划时代的发现,使各种荣誉、地位、金钱向法拉第涌来。但是,他把各种证书、奖章统统放进一个木箱里,不愿意让这些东西打破自己处于科学思维状态的宁静。他认为,为了探索科学的内在本质,应该舍弃名利。然而,科学的发现,使他得到了欢乐,他认为那是价值比名利高无数倍的报酬。他拒绝接受政府颁发的特别年金,不接受英国政府授予他的爵士称号,因为他不想变成贵族,谢绝了皇家学会学术委员会一致同意由他出任的会长职务。法拉第从不为名利所动,但却不忘初心,他说:"我爱铁匠铺,爱一切和铁匠铺有关的东西。我的父亲是铁匠。"他是公认的伟大科学家,但却愿意做个普通人,死后的墓碑也是普通的,上面只刻着三行字:

迈克尔·法拉第

生于1791年9月22日

殒于1867年8月25日

法拉第在还没有发现电磁感应定律以前,就已经有了不少研究成果,特别是他成功地液化了氯,发现了一种新物质苯以后,已成为一个很有成就的科学家了,1824年1月18日被选为英国皇家学会会员,这对一个学徒工出身的法拉第来说,格外引人关注。一位《科学季刊》的负责人问他:"法拉第先生,您取得成功的最大体会是什么呢?"法拉第满含深情地说道:"忘掉自己!"法拉第从学徒工进入皇家学会给戴维当助手多年,收入微薄,他从来不嫌工资低,法拉第对科学研究的兴趣非同一般,第一次见到戴维时,戴维就告诉他:"这里工资很低,或许还不如你当订书匠挣的钱多呢!你来这里会后悔的。"法拉第说:"我不在乎钱多钱少,我不会后悔,先生。"又说:"我对买卖不感兴趣,那只是为了赚钱。可是科学研究是为了追求真理,研究科学的人是为了全人类。"戴维后来总为接受了法拉第而感到荣耀。

爱因斯坦曾说:"人生,应该看到他的贡献是什么,而不是取得了什么。""在真理和知识方面,任何以权威自居的人,必将在上帝的戏笑中垮台。""大人们努力争取的庸俗目标——财产、虚荣、奢侈的生活……我觉得都是可鄙的。"他从不接受那些高调赞美之词。爱因斯坦生前立下遗嘱,去世后不发讣告,不建坟墓,不立纪念碑,免除花卉布置和音乐典礼,把骨灰撒在不为人知的地方。因为他不希望人们把自己作为巨人纪念,他认为科学还需要很多发现。

当魏格纳最初提出"大陆漂移"学说时,有人兴奋,有人责难,传统地质学派激烈地批判和嘲弄这一新的学说。但魏格纳毫不气馁,他以更大的勇气,继续进行考证。1930年冬季,魏格纳到格陵兰岛的一次考察中被冻死了,持续了20年的大陆漂移说的论战也渐渐停息了。1968年,由于在这方面获得了极其丰富的海底资料，魏格纳所期待的漂移理论中的力源终于被发现了，从魏格纳开始的地球科学革命终于进入了新时期，可魏格纳已在30多年前为了这一事业在格陵兰岛探险考察中遇难了。为了完成科学事业，他从不慕虚名，不念安乐，不怕牺牲。他说："无论发生什么事，必须首先考虑不让事业受到损失，哪怕要付出最大的牺牲。"

大发明家爱迪生到75岁时，虽已年老多病，但还是照样每天到实验室签到上班。人们都以为爱迪生有那么多发明，一定很有钱。有一回，别人问他每年有多少收入？他直率地答道："抱歉得很，我自己确实不知道，否则一定告诉你，不瞒你说，在经济方面我是个门外汉，平时也不太注意。我总觉得，钱跟我没什么缘分，今儿来了，明儿又跑了，因为我喜欢搞试验，而这些试验往往是很需要钱的。"

2016年2月12日，激光干扰引力波天文台（LIGO）合作组宣布，他们用世界上最先进的仪器于2015年9月14日探测到了引力波，它来自一个相当于26个太阳质量的黑洞与一个相当于39个太阳质量黑洞的碰撞和合并，如图3-23所示，引力波到达该天文台时需要经历13亿光年。引力波的存在是爱因斯坦于1915年发表广义相对论的一个重要预言，并说人类可能永远测量不到引力波。他没有想到，100年后，他预言的引力波被测量到了。2017年，这一成果获得了诺贝尔物理学奖，这个项目是一个千人团队努力了整整40年，有的人已经老去，最终只有团队核心创始人韦斯等三人榜上有名，团队的其他成员都是无名英雄，但团队的所有人都为这一成果的取得而振奋和欣慰。

图3-23 两个黑洞相撞产生了引力波

达尔文的进化论虽然受到了教会的强烈反对和攻击，但他觉得还没有像哥白尼和伽利略那样受到教会的残酷迫害，更没有像布鲁诺那样被送上了火刑场，还算是比较幸运的。正因为如此，他淡泊名利，研究工作一直坚持到生命的最后一刻。由于《物种起源》学说被承认，随之而来的是一系列的荣誉和奖励,达尔文获得了10多个学位,有12个国家和地区的61个学术团体吸收他为会员,有的颁发了奖金和奖章。但他一生的准则是:把名望、荣誉、享乐和财富看作身外之物。他虽有丰厚的收入,又是富裕的医学博士家庭出身,但却终身节俭,从不讲究享受。当皇家学会向他颁发最高荣誉柯普雷奖章时,他说:"那只不过是个圆形小金牌,对我来说是无所谓的。"颁奖时他也没有到场,维多利亚女王要封他为爵士,达尔文也不予理睬。他一心想的是如何做更多的研究。

居里夫人的丈夫比埃尔葬礼举行后的第三天,政府提议给他的家庭一笔抚恤金,居里夫人完全拒绝了,她说:"我不要抚恤金,我还年轻,能挣钱维持我和我的女儿们的生活。"别人给她的捐赠,她全部用在研究上,终身节俭。

中华人民共和国成立初期,有数百名留学欧美的科学家放弃在国外的优厚待遇,毅然回到祖国参加社会主义建设,虽然回国后的物质待遇远不如国外,不但工资较低,还经历了三年困难时期,少油缺肉,主食定量,有的工作条件艰苦,甚至常年不能和家人团聚,但这些科学家都无怨无悔。他们认为能和国内同行一起为科学技术事业的发展艰苦奋斗,是无上光荣的。

在中国"两弹一星"的创业时代,有10多年时间也停止了评定职称和遴选院士工作,评选出的23位"两弹一星"元勋,也已是1999年的事情了,此时,有些人已经过世,有的已经年老退休,在他们全身心为"两弹一星"的成功而艰苦奋斗的岁月,是根本不知道将来会有这一殊荣的。

有一次,钱学森下班一进家门,夫人蒋英便对他说:"学森啊,这个月的钱快用光了,以后不能像在美国那样花钱了!"钱学森想了想说;"那以后就计划着用。"又说:"回国以后虽然工资没有在美国多,房子也不如在美国的好,但是能为自己的国家做工作,我心情很愉快,这比在美国好得多啊!"还有一次已经夜深人静,钱学森仍坐

图3-24 这个公式要重新推导

在办公桌前沉默不语,蒋英走上前去对他说:"都这么晚了,还不睡觉,在想什么?"钱学森语调低沉地说:"回国几年了,国家这么重视,这么关心,又是党员

了,我觉得很惭愧,总在想如何把工作做得更多更好。"钱学森经常在夜深人静时潜心研究,如图 3-24 所示。钱学森在一次捐款时幽默地说:"我姓钱,但我不爱钱。"1956 年,新中国首次颁发自然科学奖,他和另外两人获得了一等奖,他将一万元奖金全部捐给了他创办的中国科学技术大学,学校将这笔钱为学生买了 100 把计算尺,后来钱学森又多次捐款。曾拒绝单位给他的某些待遇,晚年关心最多的是中国科技长远发展和如何培养大师级人才,钱学森一生演绎了"国为重,家为轻,科研最重,名利最轻"的至理名言。

邓稼先在普渡大学读完博士仅 9 天就回国了,他对美国的优越条件没有任何留恋之情。当研制原子弹的任务下达后,当天晚上一夜没有睡觉,他心潮澎湃,毫不犹豫地接受了这一任务。在中国核武器的早期研发工作中,他是基础理论研究的负责人,靠最落后的设施设备,以世人预想不到的速度,相继成功研制出了我国第一颗原子弹、第一颗氢弹、第一颗中子弹,使红云一次次在无人旷野中绽放。邓稼先功绩卓著,他总是满腔热情地工作,从不抱怨生活上的困难。但却因常年的艰苦生活,超负荷工作和核辐射,患上了重度营养不良,被诊断出了直肠癌。1986 年 7 月,年仅 62 岁的邓稼先在北京逝世。弥留之际,他还坐着轮椅去看了看天安门广场,并感慨地说:"我们的核武器不能落后啊!"在"两弹一星"的艰苦攻关年代,邓稼先只能隐姓埋名,根本没有去想以后会有什么荣誉,而在他患病,特别是去世以后,荣誉纷至沓来。1982 年获国家自然科学一等奖,1985 年获两项国家科技进步特等奖,在 1986 他逝世那年获全国劳动模范称号,之后,又获两项国家科技进步特等奖,被追授"两弹一星功勋奖章",可以说是"两弹元勋",2009 年 9 月 10 日入选 100 位新中国成立以来感动中国人物名单,2019 年 12 月入选"中国海归 70 年 70 人"榜单。而最值得研究的是,他们在最艰苦、条件最差、没有名利鼓励情况下,为什么会创造出如此伟大的业绩!这几乎是对一切科学技术界的伟大先辈们最应探讨的问题。

于敏算是比较幸运的,他看到了对他的绝大多数奖励,特别是 2014 年度的国家最高科技奖和 2019 年的共和国勋章,因为这些奖项只能授给健在人士。于敏虽然看到了国家和人民对他的全部奖励,但他始终坚持淡泊名利和宁静致远的古训,因为他在研制氢弹工作中提出了被称为"于敏构形"的重大创新,使中国的氢弹研制速度更快,质量更好,因此,不断有人称他是"中国氢弹之父"，对此，于敏总是以理劝阻，拒绝接受对他的这个称谓。他总是说："核武器是成千上万人的事，你少不了我，我少不了你，必须精诚团结，密切合作，一个人的名字早晚是要消失的，能把自己微薄的力量融进祖国的事业中，也就足以欣慰了。"他还说："核武器的研制是集科学、技术、工程于一体的科学系统，需要多种学科、多方面的力量才取得现在的成绩，我只是起了一定的作用，氢弹又不能有好几个父亲。"

从统计学观点分析，古今中外，在科学和学问领域，凡是成就了伟大成绩者，一般都是在最艰难的岁月，埋头静默地探索着事物的本质。当他们所取得的伟大成果被公认之后，无数的光环就会接踵而至。对仍然在世者来说，有两种态度：一种是因此而沾沾自喜，甚至喜欢显摆，他们的学术灵魂便就此结束了，甚至会产生消极作用，不管在什么岗位上都会如此；另一种是把这些光环置之度外，仅作为历史的记录，甚至看成是过眼云烟，却仍然初心依旧，继续自己的科技生涯，一般会做出新的贡献，即使进入耄耋之年，仍看淡名利，因为他们深知在已有科技水平的前面还有很多事情要做，个人的成绩只是沧海一粟。前一种人一般是成绩并不算太大，获得却是不少，并为自己的那点名利沾沾自喜；后一种人一般是具有重大发现、发明和科技进步的，他们获得的再多，也不会改变热爱科学技术的兴趣和初衷，更不会陶醉于已有成绩。似乎这也是一种规律性的现象，这对科学管理是有重要启发的。

8）从谏如流

从谏如流是中国历史上的一个成语，形容接受别人意见就像流水一样顺畅。后来人们常用来形容很乐意听取别人的意见。具有乐为文化的科技人员都具有这种态度。

爱因斯坦晚年时常说，他的科学发现也是在接受了别人的意见和想法基础上成就的。在很年轻的时候，爱因斯坦有两个无话不谈的朋友，一个是索洛文，另一个是哈比希特，他们三人分别喜欢物理、哲学和数学，这三个人经常聚集到爱因斯坦家里讨论物理、哲学和数学问题，有时是激烈的辩论，甚至持续到深夜和凌晨，这影响了别人的休息，于是在1902年爱因斯坦23岁时，把讨论的场所转移到了一个叫奥林匹亚的咖啡馆中，并自称为"奥林匹亚科学院"，并把爱因斯坦称为"院长"。起初只有三人，如图3-25所示。由于受他们的学术精神影响，学院的人就逐渐多了起来。这些人一边读书一边讨论，读的书和讨论的问题都很广泛,学术气氛非常活跃,爱因斯坦有时还即兴展示小提琴演奏。他从与好友索洛文等人讨论中受到了哲学上的启发,后来的贝索与爱因斯坦讨论起了时空概念,讨论得很深入,突然,使爱因斯坦有了新的领悟,经过反复思考,终于发现时间或许不是我们平时认为的那样简单,它与光速有一种难以琢磨的联系。两

图3-25 由爱因斯坦等三人组成的奥林匹亚科学院

个多月以后,爱因斯坦关于狭义相对论的论文问世了,爱因斯坦这篇划时代的文章不仅是物理问题,也是一个引人深思的哲学问题。在"奥林匹亚科学院"的几年时间里,对索洛文和哈比希特等人的许多见解和意见,爱因斯坦十分重视和珍惜,堪称从谏如流,对成就狭义相对论的发现起到了不可磨灭的启发作用。直到晚年,爱因斯坦还时有怀念"奥林匹亚科学院"那段富有朝气的学术生涯。

中国在研制"两弹一星"时,充分发挥了集体智慧机制,起到了至关重要的作用,各个团队的人员中,有的是欧美和苏联留学归来的博士、教授,有的是国内毕业不久的本科生,年龄也相差较大。但是面对大量的理论和技术问题,不论职务高低、年龄大小,大家都能开诚布公地提出自己的看法和建议,经常各抒己见,气氛热烈,在争议中频现创意。这实际上就是现代决策学中头脑风暴法的一种体现,也是群决策的一种形式。正像于敏所强调的"必须交流",因为只有这样才能最大限度地海纳百川,激励创新,集中团队的智慧,众志成城。

20世纪,中国研制原子弹和氢弹的速度之快震惊了世界,1959年苏联专家撤出中国时说:"离开外界的帮助,中国20年也搞不出原子弹。就守着这堆破铜烂铁吧。"邓稼先是中国当时研制"两弹"的理论负责人,曾任主任、所长、院长等职务,他规定所有参加研究工作的人都不准叫他职务,一律叫老邓。虽然他是从美国留学回国,又是领导,可总是亲临一线,毫无架子,平易近人,在讨论问题时极易发挥每个人的学术见解,得出解决问题的结论。

1964年,研制某型号火箭的首次飞行试验过程中,在计算火箭的弹道时,

发现射程不够，不少人考虑是不是再增加一些推进剂，但是火箭的燃料箱容积有限，不能再加了。当时有一个仅30岁出头的年轻人，他经过各方面缜密计算，提出了一个从燃料箱中泄出600千克燃料的方案，认为这样火箭就可以达到预定的射程。这个和在场专家们意见相左的方案受到了一致反对，被认为是天方夜谭。但这个年轻人又在夜深人静时找到了时任发射场技术总指挥的钱学森汇报，钱学森听完了这个年轻人的想法后，认为是一个正确的建议，马上让总设计师按这个年轻人提出的方案办理。果然按这个方案改进后，三发三中。这个年轻人叫王永志，后来成为第二代战略火箭型号总设计师和载人航天工程总设计师等。

不正常的学术气氛往往会使新颖的思想被遏制。苏联著名物理学家朗道在多个领域都有重要贡献，是国际公认的一流物理学家，获得了诺贝尔物理学奖，他曾领导苏联物理学研究走上了繁荣时期。但由于后来出现了个人性格上的缺欠，固执己见的他对别人的优秀研究成果经常不屑一顾，不少人都觉得难以与其共事。最大的事件是对沙皮罗论文一事的态度，苏联物理学家沙皮罗于1956年将自己对介子衰变中宇称不守恒的研究写成论文交给朗道审阅，这本来是物理学的重大发现，而朗道却毫不在意地把这篇论文丢在了一边。大约半年后，李政道和杨振宁发表了与沙皮罗同样研究成果的论文，并为此获得了1957年度诺贝尔物理学奖。这证明了朗道扔掉的既是一项重大研究成果，也是一项诺贝尔奖，许多苏联物理学家为此遗憾不已。后来，人们在不会忘记朗道的许多贡献同时，也同样不会忘记他的这一失误。可能由于朗道后来学术作风的影响，苏联物理学的研究并没有进一步走向繁荣。

良好的学术氛围，不但可以集思广益，通过相互交流启发灵感和智慧，还有利于发现人才，使科技事业后继有人。中国第一颗人造地球卫星的技术总负责人孙家栋就是在良好学术氛围中被发现的，由于发现他在技术交流中思维敏捷，并能刻苦解决一些技术问题，所以，钱学森便选定他作为东方红一号卫星的技术总负责人，他比钱学森小18岁，当时也只有30多岁，钱学森领着他向周恩来总理汇报时，周总理口口声声地叫他"小孙"，后来担任了许多中国航天器的总设计师，是中国23位"两弹一星"功勋奖章获得者，也是2009年度国家最高科学技术奖和共和国勋章获得者。

类似的例子很多，是什么把团队的智慧和力量凝聚起来了呢？这就是热爱、信仰和兴趣,他们有了共同的乐为文化精神,从而能够心往一处想,劲往一处使。实际上当初中国从事"两弹一星"的科学技术人员中,原先大都不是从事这项工作的,但是他们却能服从分配并全身心投入这项工作,进一步热爱这项工作,并逐渐升华为有浓厚的兴趣,有了浓厚的兴趣就会其乐无穷。孙家栋曾说:我对这些工作"有兴趣"。总的来说,这也是一种深刻的文化现象。

许多科学家、发明家和优秀科技工作者的上述表现,都是很自然的,没有人也不可能有人对他们提出那样的要求,相反,总会有人劝说他们不要那样忘我工作以及要顾忌别人的看法等,但他们总是依然如故,更不会去做抄袭、做假和夸大成果一类的事情,他们实际上已经走上了一条自己觉得比其他更有乐趣的道路,这也可以认为是一种人类的优秀文化在起作用。现代武器装备科学管理者能理解这一点很有必要。这里列举了一些著名科学家、发明家和科技工作者为了科技上的发现、发明和创新而忘我工作的精神和表现,并非提倡人们对各种现象的学习,而是有利于对乐为文化本质的理解。

3.2.2 先进思维文化

各个领域的人群和团体,除有自己的专业知识外,还应有自己的思维方法,也就是思维文化,现代科学技术领域更不例外。在量子通信技术(图3-26)、量子计算技术(图3-27和图3-28)、半导体技术、人工智能技术、无人装备技术、隐身技术、新能源技术等蓬勃发展的时代,这一问题显得尤为重要。这里重点分析现代武器装备研发和科学管理领域必须具有的先进思维文化,以应对复杂的新局面,先进思维文化是在现代武器装备建设的长期实践中产生、发展和形成的,理论和实践经验都一再说明,能否深刻认识和遵循这一思维文化,其工作效果是大不一样的。归纳起来这些先进思维文化主要有忧患思维、系统思维、效费思维、创新思维、优势思维和优化思维等,这些先进思维是

图3-26 量子通信

相互联系的统一体,互有区别和侧重,又有内在的逻辑性和统一性,构成了这一领域较完整的先进思维文化。

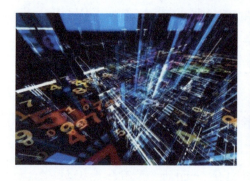

图 3-27　量子计算

图 3-28　量子计算时代即将来临

分析研究和总结提倡这一先进文化,更是现代化武器装备发展新时代的需要、新形势的需要,是未来战争形势和战场态势发展变化的需要。装备转型和战争转型中,最根本的是这一领域人员思维的转型。从目前国际形势看,不少军事强国都投入巨资研发新型武器装备,尤其美国,几年来的国防预算都超过了 7000 亿美元,2022 财年更是达到了 7680 亿美元,2024 财年竟增加到了 8858 亿美元。各军事强国近年来纷纷宣布研制新武器计划,宣布的新型号有六代机、现代航母、高超声速导弹、新型核潜艇、水面战斗舰艇和各种无人装备等,并大力研发应用新技术,如新材料、人工智能、核聚变、高能低耗芯片、量子通信等。未来战争可能将明显不同于以往的作战样式,在广泛且充分获取有关信息基础上,实现跨域感知和目标识别,融合各种作战力量,有人与无人装备联合作战,实行海、陆、空、天、网络、电磁的多域和全域精确打击作战,如图 3-29 所示。可以想象,这场与过去截然不同的战争,必然是更快速、更广泛、更智能、更残酷,不管能不能出现这一战场局面

图 3-29　2021 年夏季,美国空军大学推出《空天力量》联合全域作战专刊示图之一

和实际达到的程度如何,均应从难从严予以应对。尤其是业内人士应从现代装备技术角度,结合近年来国际上发生的战争的演变特点,科学分析未来战争的可能样式,尽早做出科学的预判,并努力研发相关装备。要做到这些,需要具备多方面的条件,但建立先进的思维文化是根本大计、长远之计,应是管理工作的重中之重,是未雨绸缪的根本大计。

1. 忧患思维文化

对发展现代武器装备来说,必须具备忧患思维,所谓忧患思维就是全面、充分、细致分析现有装备的各种不足,并在新研发装备中予以创新发展和提高,确保并尽量提高研发的新装备在未来战争中的作战优势。这是一种传统的优秀文化思维,与妄自菲薄或看不到甚至不愿意承认存在的问题有本质区别,前者是科学思维,是自信和强烈责任心的表现,后者是狭隘的落后意识。不能充分认识武器装备存在的客观缺陷并认真解决,这必将在未来实战使用中表现出来,这是新装备研发工作中的大忌。

随着科学技术的发展和装备的长期使用实践,会逐渐发现现役装备存在的问题,老化是不可避免的一个方面,还会显示出技术上的某些缺陷,当发现某些方面已不能满足未来战争的需要时,则必须提高或大幅提高某些作战使用性能;通过多年的使用也会发现某些使用维修上的问题,如可靠性、维修性、安全性、操作性、零部件供应问题等。有些问题可以通过改换装予以适当解决,但有些问题,特别是关系到总体及主要作战使用性能方面的问题,无法通过改换装解决,这种情况下就显示出了新的需求,一型新装备的论证、设计和制造就提到日程上来了。

美国海军规定,海军作战部长和装备部长应经常在一起,就装备的状态进行讨论交流,以及时发现在役装备的不足,并商讨解决的办法。某型新装备的概念往往都是在长期交流和多方沟通中逐步形成的。某型新装备的研发,特别是大型主战装备的研发,都是经过长时间酝酿才正式进入发展程序的,在进入发展程序的方案探索阶段时,其大致方针已成雏形,如海军主战舰艇的排水量、舰体构型、动力选择、主要武器配置、续航力、自持力、作战对象、预期寿命、信息化、智能化水平等;空军主战飞机的基本构型、打击对象、重量、弹药性能及数量、升限、航速及航程、隐形要求、机群配置、信息化和人工智能水平等,还有管理目标方面的优先级及基本经费预算、进度和可用性基本要求等,通过这些初步确定的基本初始要求,就可以大致看出新研发装备的先进程度。在这个过程中,以忧患思维文化为指导,努力解析世界上军事强国同类现役装备和正在发展的新型装备情况,准确地找出差距,通过实际工作实现由弱势到优势的转变,要做好这一点,还必须有强大的情报工作予以配合。

这个过程是很复杂的,需要做出详尽的技术、经济、进度和可用性论证。随后的论证、设计和制造阶段,都是大量的越来越具体的工作。作为世界上赶超目标的装备就像一面镜子,时刻展现在管理者和设计者的面前,使研发工作始终具有清晰的目标,并把这些目标落实到每一个细节问题上,才能确保最后交出的是一型优势装备。

在武器装备发展中的忧患思维,既是一个文化观念问题,也是一个哲学问题。持有忧患文化思维恰恰是研发优势装备的出发点,能科学客观认识到弱势和差距是健康发展的必然过程和良好开端,要真正认识到这一点,起码必须做到两条:一是克服盲目乐观或悲观情绪,盲目乐观和悲观都是缺乏自信的表现;二是必须准确掌握与先进装备和发展目标的真实差距。前一条是思维文化和哲学问题,后一条是科学态度问题。在新装备研发早期就应该牢固树立这种观念,并将这种思维观念贯彻到研发工作全过程的每个细节中去,先忧后乐。

美国有关方面实际上就是在这种忧患思维观念指导下去评估研发装备的,对福特号航母、濒海战斗舰、朱姆沃尔特号驱逐舰、电磁炮和 F35 战机评估结论认为这是美军近年来研发的最差五型装备,认为这难以在竞争中处于绝对优势地位。特别对 F35 战机,挑出的缺陷竟达八九百项之多,这也是在忧患思维状态下的行为,虽然该型战机已经达到世界同类装备的领先水平,但美国议会等有关部门仍认为优势不够,虽有其先进性,但问题也很多,没有达到原先承诺的先进水平。福特号航母首批配置的是 F/A – 18E/F "超级大黄蜂" 和 F35 – C 两种机型,说明 F35 – C 当时仍未达到技术成熟水平。

在现代武器装备建设问题上,美军有关管理部门和使用人员的指导思想是要追求绝对优势,甚至领先到代差水平,在这种思维作用下,近年来,在研发新装备过程中,没有认真遵循客观规律和借鉴历史经验教训,再加上管理决策和设计人员中新手较多,结果大批新技术、新设备一拥而上,新材料、自动化、人工智能等新技术随处可见,这必将导致系统各要素之间不协调,给制造、使用和维修带来后患。但是,仅有忧患思维是不够的,还必须有其他先进思维文化共同综合作用,才能做好科学研发工作。

2. 系统思维文化

人的正确思维应是客观事物发展变化的反应,现代武器装备是一个复杂的系统,而研发新型武器装备,是一项极为复杂的系统工程。所谓系统思维就是面对系统中的任一要素变化时,能够适时对有联系的相关要素的正反影响做出科学反应和判断,并采取相应举措,使整个系统更科学,更有效。

在现代先进装备研发中,要求管理人员和各类技术人员做到这一点是非常不容易的,但严格讲,又必须做到。研发中出现的许多问题,与缺乏全系统思维或虽原则上知道而实际上做不到有密切关系。系统思维文化观念强,在这方面很专业,就可以做到举一反三、闻一知十和触类旁通,就不会使问题轻易隐藏漏掉,给系统中其他因素和后续工作留下隐患。应该一步一步地顺利开展下去,不放过任何一个会给系统中其他部分及后续工作造成困难的问题,直到交出可靠顶用的新型先进装备,甚至还为后续新系统的优化发展创造条件。

有报道说美国福特级航母由于电磁弹射器的安装,使弹射可控性大为提高,从几千克重的无人机到几十吨重的战斗机均可弹射。舰载战机的起降频率也可加快,比起蒸汽弹射器,重量更轻、占用空间更小、更易维修,操控人员亦可减少。最初决定用电磁弹射器代替蒸汽弹射器时,必须进行预先研究,以验证技术可行性,当其主要战术技术性能如重量、尺寸、功率等基本达标后,还要验证其可靠性和可维护性,接着是根据购置费、维护费、使用年限、人员编制情况综合分析经济性,与之相联系也要同时分析电磁阻拦装置的上述问题。进一步还应考虑到强大的电磁效应对其他电子设备和人员的影响程度,以及加工制造和材料保障情况等;与提高弹射频率相联系的还有若干环节应同时与之匹配,如飞机的检测和加油,弹药的检测及输入相关数据,弹药挂载、飞机升降、甲板作业、飞行管控等的速度也都需跟上,以保证这一过程通畅无阻。而这一连续过程的细节多达几十项,技术又很专业,都要仔细考虑到,实现设计、建造和使用的协调性。

再比如,航母的安全问题,同样是一个复杂的系统工程。航母作为目前世界上最大型、最昂贵、最复杂、影响力最大的武器系统,对敌方的打击力量虽然很强，但在战时敌方也必然千方百计打击对方航母，使其被击溃或失去战斗力。所以，航母除考虑自身安全外，还必须认真研究对付来自多方面的攻击。目前，有关国家研究打击航母的手段也越来越多，如无人潜航器，可以比一般舰艇更有利于接近航母，寻找合适时机发起攻击，这会对航母安全构成威胁；无人机的威胁也不可小觑，因有隐身、体量小和灵活的特点，可逼近航母攻击；可通过电磁手段对航母的网络和电子系统进行攻击，以使其指挥系统或某分系统失灵，从而使其丧失作战能力；可使用天军的轨道轰炸系统卫星上的动能武器对航母进行打击，使其被击沉或瘫痪；传统战法中的导弹攻击是来自多方面的，岸舰导弹、舰舰导弹、空舰导弹、潜舰导弹等，特别是高超声速导弹的突袭，给航母编队反导系统带来了更大的难题等。在发展新型航母之初，就必须以足够的系统思维谨慎地思考这些问题的每一个细节，不管能否在研发初期彻底解决，都要事先考虑到，或在研发过程中以及服役后继续研究。总之能否解决问题，解决到什么程度，都要心中有数，这也是作战使用所必须清楚的。依据系统思维和当前的技术条件进行全系统的可行性论证和展开研发工作。

美国福特级航母的反导系统始终是重点研究的问题之一，前期进行了认真的设计，而所构建的系统到底能在多大程度上有效地防御多种导弹的攻击，始终是众说不一，但有一点各方都是明确的，就是没有绝对肯定和否定的结论，反导系统肯定具有一定的作战能力，但难以做到绝对能保证航母安全。不像动力和舰体构型那样难以在服役期间进行大的改动，反导系统在服役期间可将成熟技术通过改换装融入整个系统中去。

美国福特级航母在研发中，就反导系统来说，其构思可分为远程、中近程、近程等多层防御网，远程防御用舰载 F35C 或更可能的 X-47B 无人机突袭攻击对方的中远程导弹基地，或用陆基轰炸机先期打击对方远程反航母导弹基地；中远程反导使用巡洋舰和驱逐舰上的垂直发射装置中的标准系列反导导弹；中近程反导使用航母上的两座 8 联装"海麻雀"和编队中其他舰艇上的"海麻雀"反导导弹；近程反导使用航母上的两座 21 联装"海拉姆"和编队其他舰艇上的"海拉姆"系统；再近一些用航母和其他舰艇上的近程火炮密集阵系统，为这些系统提供数据的是 E-2D 预警机、航母上的多波段雷达、其他舰上的相控阵雷达和天基预警系统等。

电子战飞机 EA-18G（图 3-30）和各舰上的电子战系统均可施放电子干

扰。未来何时可用激光武器、电磁炮和粒子束武器加入反导系统,这要看具体进展情况,估计不是短时间的事情。如果激光武器能够研制成功,则反导能力会有很大提升。这些系统和设备都被融入包括 C^4ISR 和 CEC(协同交战系统)在内的整个作战系统中,实现以航母为中心的高效反导作战。

图 3-30　EA-18G 电子战飞机

这里仅以航母为例说明系统思维问题,其他武器装备类同。

俄罗斯等国继续开展了高超声速导弹的研制,而且进展较快,这引起了美国军方的警觉,于是也相应地开展了对抗高超声速导弹的研究,这项研发成果无疑也要融入福特级航母的反导系统中去。从目前情况看,该项反导技术难度很大,但据有关报道称,美军导弹防御局对该项目进展持乐观态度。从全系统思维的观念思考,需要研究的问题比这里简述的要复杂得多,是非专业人士所难以想象的。简言之,在论证、设计、建造、验收、改进、鉴定、部署的每个阶段都要严格按照计划程序检验和评估上述系统、设备的技术成熟度、进度、费用和可用性状态,若不这样做,最后交付的很可能是病态装备。其系统思维在装备研发过程中总的逻辑关系可用图 3-31 表示。

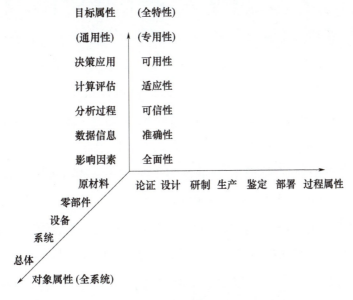

图 3-31　装备研发系统分析坐标图

在建立了全系统思维基础上再进行系统分析,并进一步利用系统工程的方法来解决装备研发的问题,这就使研发和科学管理有了基本的系统科学性,必将使研制工作效率得以提高。如图 3-31 所示的任一发展阶段,都要进行从原材料到整个系统的决策分析,虽然分析过程相似,但对象和内容不同,随着研发进程的推进、研发装备成熟度的提高,之前的决策内容可以减少,新的决策内容会提上日程,类似分析过程随着研发阶段进展反复进行,直到部署和使用。如果是良性循环,最后交付的装备必是达到设计要求的可靠顶用装备。

3. 效费思维文化

效能是对现代武器装备作战使用能力的综合度量指标,可以粗略和通俗地理解为效率和能力的综合度量指标。因为一型复杂装备具有许多个战术技术指标,比如,战斗机,从总体上讲,有速度、航程、飞行高度、机动性能、载弹种类和数量、隐身能力等;每种导弹的有效距离、速度、威力、制导方式和精度、抗干扰能力等;C^4ISR 能力、人工智能水平、空间感知能力、机群配合协调和互通互联能力等;还有战备完好性水平、综合保障能力、费用需求水平等。作为新研发的装备预案,不可能任何一个指标都要求达到理想水平,因为一是若要求什么指标都达到最好,则必定研发难度很大,时间较长,费用很高,这是不可能的,也没有必要把什么指标都要求尽量高;二是有些指标并不是越高越好,每个指标都有自己的作用和贡献,但只需要达到一定水平能满足需求就可以了,这需要根据性能要求、技术条件、费用可承受、进度可行、作战需求达标等条件综合分析权衡,选择一个既没有短板,又没有不必要的长板,能够科学匹配,使综合度量最佳的方案,这个方案应是得分最高的。还有就是平时完好率比例高,作战使用时可靠顶用,这些综合的评估值就可以理解为效能值。

效能和投入费用之比就是效费比,这里的费用一般指全寿命费用,这样更全面合理。在要求具有既定效能前提下,投入费用越少越好,效费比越高越好,这是新型武器装备研发中拟定备选方案和优化决策的重要参考指标。低投入高产出是发展现代武器装备永恒的主题。对一型新装备来说,欲经过分析得出一个科学可信的最佳效能值是非常复杂的,但这个值不是精确到唯一的,应落在一个客观实际的狭小区间。因此,在分析新型装备发展预案和备选方案时,有关人员必须具有效能思维,带着这种思维去做发展分析,更易科学全面、实事求是,不易产生片面性,从而选择出最佳方案,做出最优决策。

在现代武器装备研发工作中,效费分析是一项重要的研究工作,其结论具有重要参考价值,但目前为止,仍没有规范的方法。效能分析一般有两种方法,一是建模分析计算,二是模拟分析计算,得出的都是无量纲数值,这两种方法与研究人员的理论水平和经验有直接关系。其中的费用应是全寿命费用,虽然在研发早期计算全寿命费用工作难度也很大,但比起效能值计算要好一些。效费比应是项目决策的重要参考,起码在概念上要重视。

4. 创新思维文化

创新是科学和技术进步的推动力,也是提高武器装备作战能力的源泉。创新来源于人们大脑的思考,这种思考是科学的思考,是在一定知识和技术基础上的思考,是有发散性、系统性的思考,这种思考可以是猜想、奇思遐想,在不断思考中偶尔闪现出一个灵感,创新的火花就出现了。

有文章说爱因斯坦之所以研究发现了相对论,这与他童年时代就常常幻想自己能否同光线赛跑这一想法有联系,发明飞机的莱特兄弟很早就幻想人能否也像鸟一样在空中飞翔;爱迪生曾反复在想如果把电光、声音、电能留住多好,这才促使他动手发明了电灯、留声机和电池。所有的重大创新都有类似的故事。

爱因斯坦曾说:"想象力比知识更重要,因为知识是有限的,而想象力概括着世界的一切,推动着进步,并且是知识进化的源泉。"人们对一项事物有了浓厚兴趣之后,就会不间断地连续习惯性地思考,在思考的同时又会去猎取所需知识,最终达到创新的目的。如图3-32所示,表演大师卓别林的优美动人表演也来源于他的勤奋思考,他曾说过:"和拉提琴和弹钢琴相似,思考也需要每天练习的!"诺贝尔物理学奖获得者格拉肖曾说:"涉猎多方面的知识可以开阔思路……对世界或人类社会的事物形象掌握得越多,越有助于抽象思维。"

图3-32　卓别林每天思考如何做出动人表演

创新思维必须有较丰富的该专业范围知识做基础,在此基础上,思考问题才能广泛和深入,不拘条条框框,能够正反向思维,全向思维,从而产生新颖思维、差异思维、变化性思维、开放性思维和连续性思维等。真正做到重大创新,肯定不是囊中取物般容易,需要大脑的勤奋思考,要有以苦为乐的勤奋精神,但每每取得创新思维进展之后,都会产生难得的欣慰心情。

一型新装备的研发需要不断地大量创新成果,特别是先进复杂的大型武器系统更是如此,创新成果越多,创新成分越大,装备的先进性就越高,作战效能就会越好。

创新是有难度的,但也是完全可以做到的,因为科学技术的不断发展是必然的规律。就现有军工管理和研发队伍,只要能普遍认真建立和提高科学思维就会有创新意识的产生,不必担心人们的大脑功能可能不够用的问题。

几十年来,有关生理学家在不遗余力地对人类大脑进行着研究,尽管这方面的研究还相差很远,但就已取得的成果而言,足以说明人类的大脑还有很大的潜力有待开发。

现有对人类大脑的初步研究认为,如果把大脑比喻成一座冰山的话,那么一般人所使用自己大脑的资源只不过冰山一角,绝大部分脑资源还处于闲置状态,这表明人类的大脑潜能有多大!研究还表明,人类大脑有800亿~1000亿个结构如图3-33所示的神经元,约有100万亿个链接,所以人脑构成复杂,功能强大,神经元之间的交流如图3-34所示。有国际研究机构的科学家说,目前,人类大脑潜能只用了不到10%,其余90%多尚未得到开发,仅认为只有爱因斯坦对大脑的利用率达到了10%。这都足以说明,只要人们肯于学习和思考,乐于交流,创新的潜力必将是很可观的。目前已有的研究还认为人类大脑神经元链接数越多,就会越聪明。神经元是通过树突和突触相链接的,如果经常长时间反复思考某个问题,那有关的神经元链接就会变得更粗和更畅通,思维反应就会更快,效率就会更高。所以,所有的杰出科学家和发明家,没有人承认自己是天才或有多么聪明,但都认为自己总是为了解决某个问题而不遗余力地在思考,昼思夜想,反复地想,直到问题得到解决。这一普遍现象,也可以看成是有脑科学根据的。模拟人脑神经元活动原理,人们建立了人工神经网络模型,如图3-35所示。

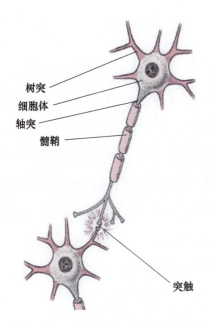 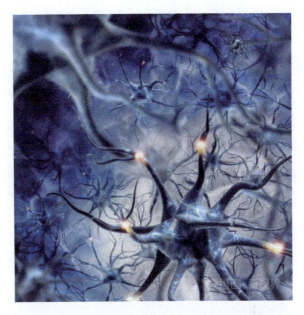

图3-33　人脑神经元结构简图　　图3-34　在大脑神经元之间的交流3D图

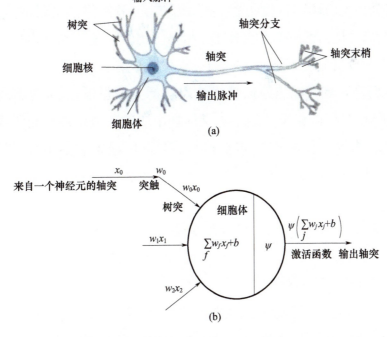

图3-35　模拟人脑神经元建立的人工神经网络模型示意图

对新研发的大型复杂武器装备,创新是大量和广泛的,包括构型创新、性能创新、原理创新、体量创新、设计创新、降低费用创新、效费创新、系统创新、加工制造创新、战术创新、人员培训创新、后勤保障创新等,涉及全系统的各个方面。

5. 优势思维文化

优势思维也是武器装备研发工作中必须具备的思维文化。优势是指充分利用一切有利因素,克服和化解不利因素,使最终研制出的现代装备综合作战使用性能最优,完全达到最初优选方案的理想状态,不论和原型装备比,还是和拟定作战对象比,以及和应具有的先进水平比,都具有明显优势。从研制过程讲,在论证、设计、研制、鉴定、生产、部署、使用各阶段让装备按优选方案良性发展,风险逐渐降低,成熟度越来越高,到服役部署时,已无较大风险;从横向关系分析,全系统各项指标和工作,始终保证同步协调发展。按计划时间投入部署使用时,已可达到当初设计时规定的作战效能,战备完好率和可信度完全达到优势状态。

各系统、分系统和设备的方案选择,都是在优势思维指导下进行的,按上面分析的忧患思维、系统思维、效费思维、创新思维综合分析确定,性能先进、技术可行、全系统协调和进度可控、费用可接受,最终保证交付的武器装备实现了总体性能最优,而不是满足于自己和自己比的一般技术进步。

更具体的分析应在下述方面尽力寻求发展优势:

(1)在新项目具有标志性新技术性能指标上加强评估、监控和保障,始终严格掌控研制程序,确保按计划推进具体技术成熟和全系统匹配协调。

(2)对成熟新技术的应用,包括材料、零部件、设备和各类分系统,除对新技术严格考核评估外,必须充分分析论证进入更大系统中的匹配协调性,必要时应进行联调和试验验证。

(3)对研发过程中的难点、疑点和关键技术,应从难从严安排规划、计划,在人力、经费、进度等方面予以更好保障,视情留有适当余地,并加强动态管理,实行研制的全程可视化监控。

(4)尽量采用先进的设计技术。近年来,虚拟化的数字仿真设计技术进展很快,这项设计技术可以避免传统设计技术的许多设计缺陷,特别是在制造、维修和使用方面的问题可提早发现。要求一定将许多技术细节在论证、设计过程考虑周到,以尽量减少在此后的阶段出现修改。过多出现技术状态修改是导致费用增长、进度拖延和性能降低的重要原因之一。

（5）在新型装备发展初期和设计时就要充分考虑到将来的实用性。装备发展实践证明,其可靠性、保障性、安全性、易操作性等许多重要指标,在设计阶段就已确定,经过加工制造和试验鉴定,便已固化到装备中去了,再企图予以改变就很困难了。所以,必须在设计中就应充分研究作战使用和维修保障中的问题,千方百计提高使用特性。将使用要求科学融入设计中去,经过加工制造和试验鉴定,保证最终交付的产品真正可靠、顶用、安全、好修、省钱、易操作。虽然那种只注意成功建造而忽视使用维修的意识早已成为过时的陈旧观念,但实践证明,在新型武器装备研发工作中,这种意识至今仍是最易被忽视的问题之一。

（6）应在每个发展阶段都使研发装备的效能呈增值趋势,严控任何一个阶段的效能出现降值现象。当出现以下情况时可能导致效能的减值:一是发现某些应用的现成设备和系统有不成熟的成分;二是发现新研制的系统和设备出现了更大的技术、费用或进度风险;三是集成过程中发现了不够协调的技术问题;四是出现了需要重新评估的重大技术修改;五是出现了更高需求的变化;六是发现了事先没有估计到的加工制造的工程难度等。当出现了这些情况,必须重新进行风险评估,及时进行对技术、工程、费用和进度的科学合理调整,以保证整体效能的增值趋势。

（7）在新型装备的设计和加工制造中,应同时逐步研究编制作战使用文件和维修保障文件,一般要求在装备交付部队使用同时移交这些文件,包括全套电子文件。如果因故难以做到移交这些文件,或没有按规定标准编制这些文件时,应详细说明原因,并明确随后如何做好这些工作。

（8）装备服役后,应限期摸清新设备、新系统的故障规律,并修改已有和新编制有关使用维修保障文件。

（9）使用维修保障单位应将有关信息作为重要使用维修资料收集存储并传输给有关单位。

（10）上述进展情况应随时在技术、工程、进度和费用网络图上表示出来,网络图的编绘应具有充分的科学性、真实性、实用性和动态性,计划的调整应在网络图上及时表示出来。

（11）总体、全系统、分系统和设备的重要进展信息,应在有关联的范围内实行信息共享,互联互通,这有利于及时发现和解决问题。通过上述措施使新型武器装备在研发过程中从多方面采取优势措施,始终保持优势发展趋势,最终交付使用的新装备必是优于最初立项时的预期技术状态,不可能出现降性能、拖进度、涨费用的局面,更不可能出现研发失败的案例。

(12)优势思维既是一种文化,也是一种取胜的策略,有了这种牢固的、先进的思维文化,在装备发展工作中就比较容易将规划计划落实到行动上而成为一种走向成功的策略。

6. 优化思维文化

优化是现代管理科学中的一个重要概念,也是一种科学的逻辑思维。其理论基础是运筹学、决策分析、预测学、系统工程、控制论、系统分析和现代管理学等,优化思维正是这些理论方法综合观念的体现,发展武器装备的备选方案,需要在各个层面和全目标范围内进行反复优化迭代,这种优化虽难以掌控,但又是必须解决的一个问题。

1)新型武器装备研发客观存在着多种方案可供优化选择

现代武器装备是一个复杂的系统,是一个由多个分系统、设备和软、硬件组成的相互联系的整体,是一个多目标、多层次、多功能的战斗系统。所以,新型先进装备的研发客观上存在着许多可研究的方案,优化备选方案和选型决策是新型装备发展早期极为重要的一项工作。系统越大越复杂,可供选择的方案就会越多,优化决策的难度也越大。建立优化思维的目的就是用这一科学思维方法去建立备选方案和进行最佳方案的决策,尤其是对大型复杂系统来说,这是一个极具现代管理科学水平的问题。

2)优化思维涉及新型武器装备发展战略的各领域和各层次

对一个军事强国来说,在装备建设中,首先要考虑的是各军兵种装备发展的优先次序,这要依据国家战略利益、安全环境、经济实力、技术条件、工业基础和现有装备水平和规模等条件综合分析后确定发展方案。目前,经常有对世界上不少国家关于发展武器装备的报道,如果稍加分析便可以发现,这些国家发展武器装备基本上都是和其国情相结合的,都是经过优化分析后确定其发展策略的。当然,有的做得好些,有的做得不太好。

在现代武器装备的研发和作战使用工作中,上述这些科学思维是无处不在和无时不在的,这是成功发展的科学指南,是取得高效益的根本性保证。

这里就美、俄等国家发展武器装备的情况予以分析,便可以看出其优化发展策略的一般情况。美国的国家战略利益是在世界范围内谋求霸权,通过武力的绝对优势,保证在全球范围的安全,维护其经济的可持续发展和所谓的自由价值观。在武器装备建设上追求全面发展和世界领先水平。

所以,美军的海军、空军、陆军、海军陆战队和太空军的装备总体上说都是世界上最先进的或相对比较先进的。例如,海军的尼米兹级航母、福特级航母、海狼级攻击型核潜艇、弗吉尼亚级攻击型核潜艇、俄亥俄级战略导弹核潜艇、正在研制的哥伦比亚级战略导弹核潜艇(图3-36)、新型阿里·伯克级驱逐舰和正在研制的星座

图3-36 美国海军正在研制的哥伦比亚级核潜艇发射导弹想象图

级护卫舰(图3-37)以及多型无人舰艇等。空军的B2隐身轰炸机、正在研制的突袭者轰炸机B21、现役五代机F22、F35正在研制的被称为未来空中优势的六代机空军型、海军舰载型战斗机。根据报道和技术发展趋势可预见,美军六代机的速度有较大提高,隐身性能比五代机的雷达反射截面还会小一个档次,有可能装载定向能武器,超感知、高人工智能和有人无人协同等,还有新研制的EC-37B电子战飞机、改进的U-2S,并大力发展各种无人机等;陆军用的M1系列坦克、M2系列战车、阿帕奇武装直升机、爱国者防空导弹、M270自行火炮和未来智能作战系统等。海军陆战队的直升机航母(LHAS/LHDS)、即将服役的新型两栖战舰(LAWS)、V-22倾转旋翼飞机、C-130运输机等;太空军的X-37B空天飞机、通信卫星、武装卫星、干扰卫星、监视卫星,还有如图3-38所示的星链卫星,报道称,马斯克最终将于2027年在约340千米到1150千米高度上布置有42000颗低轨卫星,在军事上可执行通信、跟踪、导航、定位、成像、侦察、反导等任务。核武器方面的陆基民兵3和哨兵,潜射的"三叉戟"ⅡD5(图3-39)等弹道导弹,可投放核弹的战略轰炸机B52H、B1B和B2三种型号,有报道称,F35也已取得挂载核弹认证。目前共有8种现役核弹,如图3-40所示的陆基民兵3W78核弹,改进型的如图3-41所示的B61-12核弹。还有如图3-42所示的贫铀穿甲弹等。辅助装备领域,海军的新型9万吨级的如图3-43所示的供应舰"米格尔·基斯"号,空军的

KC-46A 新型空中加油机等,都处于世界同类装备中的领先或先进水平。还有 X-37B 等多种空天军装备,如图 3-44 所示。上述都是见诸报道的,按以往惯例,美军还可能有一些严格保密,一般不对外公开的黑科技武器技术。美国空军有一个被称为 51 区的高度机密场所,是专门研究黑科技武器的。有消息称美国空军的六代机和 TR-3B 等已开始在这里试飞。虽然美军近年来在武器研发工作中问题频出,但总的来说正式交付部队使用的武器装备相对来说还是力争达到技术成熟和领先水平的,只是有的未能达到最初立项时规定的理想水平。美军经常进行各类战争的推演和逼近实战的演习,当在这些行动中一旦发现某些装备存在明显缺陷时,便会适时反馈到有关部门研究解决。

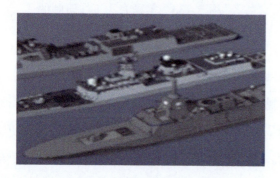

图 3-37 美国海军正在研制的星座级护卫舰方案图

图 3-38 星链卫星星座的设置示意图

图 3-39 安装在俄亥俄级战略导弹核潜艇上的"三叉戟"ⅡD5 弹道导弹上的是 W88 核弹

图 3-40 陆基民兵 3W78 核弹

图 3-41　美军新改进的 B61-12 核弹

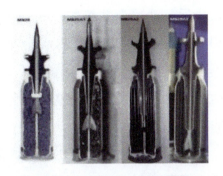

图 3-42　美军贫铀穿甲弹

图 3-43　"米格尔·基斯"号供应舰

图 3-44　美国太空军部分装备

要采办这么庞大的先进武器装备体系是有条件的,这些条件就是掌握先进技术的军工队伍、强大的军事工业、雄厚的经济实力和科学成熟的采办管理体系。美国的军事科技主要来自军内研究机构、军工企业研究机构和一些军队资助的公司及大学的研究单位等。

美国军工企业很强大,世界前五都在美国,分别是洛克希德·马丁公司、波音公司、诺斯罗普·格鲁曼公司、雷神公司和通用动力公司等,还有一些电子类公司如微软、谷歌、苹果、亚马逊、英特尔、高通、英伟达、星链等也都为军方提供服务。世界排名前 25 名的军工企业中,美国占有 12 家,但前五的总销售额占到了前 25 名总销售额的 46%,美国的 12 家占 25 强总销售额的 61%(2019 年);美军的军费开支巨大,约占世界各国军费总和约 40%,近几年美国国防预算额为:2022 年 7530 亿美元,2023 年 8579 亿美元,2024 年 8742 亿美元,报道称,2025 年申请额应有 8498 亿美元。目前还看不出有明显减少的趋势。其中包括人员费、工程项目费、武器装备研究费、采购费、维护保障费等,要把巨额经费花得科学高效并非易事,完善的科学管理体系是首要条件。一般都认为美军武器装备很贵,但深入研究后可知,其性价比并不低,如最后一艘尼米兹级航母造价60多亿美元,按实际建造年代计算,如果把60多亿美元给印度、俄罗斯、英国、法国等,并给予10年时间,这些国家都是不可能造出尼米兹级航母的。原因很简单,就是因为这些国家没有相应包括科学管理体系在内的基础条件,而要把这些基础条件建立起来,其难度是非专业人士所能理解的。

最后一个问题是采办管理体系,实践证明,这一点很容易被忽视,一般人认为只要有钱就可以发展先进武器装备了,这无疑是把问题看得太简单了。钱是必要条件,但不是唯一条件,还必须有技术和管理,这两条解决哪一个都不容易,没有先进科学技术就没有现代化武器装备,这是常人都有的共识,但是,要说没有现代科学管理就没有现代化武器装备,这却是很多人从未考虑过的,甚至有的业内人士也会对这一客观事实觉得茫然。

3)美军武器装备管理体系优化及改革

在对待科学管理的问题上,作者认为二战结束以后,从总体上讲,美军曾经犯过两次系统性错误,导致了先进装备建设的惨痛教训。第一次是20世纪50年代到60年代初这段时间,第二次是20世纪末和21世纪初,这两次都是处于装备的重大转型期,第一次是传统机械化向广泛应用电子设备、导弹武器和核能转型,第二次是向全面信息化、自动化、智能化、无人化、网络化、反导和一体化等转型,空前重视半导体技术,图3-45和图3-46分别是集成电路示意图和荷兰ASML于2022年推出的EUV光刻机外形图。

图3-45 集成电路示意图

图3-46 荷兰ASML推出EUV光刻机,大小堪比公共汽车

上一次转型之初,沿袭了传统采办方法,主要采办管理人员大都是二战时期有战争经验的有功之臣,却没有采办转型装备的管理经验,再加上各军种分散管理研发项目的体制问题,结果引起了军种之间的发展利益之争,以及缺乏科学管理理论做指导等,导致了研发工作混乱和效率低下。于是促使实行了一次重大的采办体系改革,从管理角度上讲,那次改革有三个突破点:一是建立了先进的现代装备采办管理理论,如系统和系统工程理论、效能费用分析理论、可靠性理论、风险分析理论等,对现代装备研发具有很强的指导作用。二是制定了一系列具体的指令性、指示性和指南性管理文件,改革管理机构。如在1971年首次发布5000.01关于政策方面的指令性文件,1977年又进一步发布了5000.02采办程序方面的指示性文件,是配合指令性文件的,还有可靠性等方面的文件以及指南性文件等,使研发工作的各方面都有了政策规定和指示依据。同时,在管理机构组织上设立了相应负责岗位和部门,许多项目由国防部长亲自过问和决策,有关助理人员也是内行,研发项目管理大为加强。三是创造性地建立了国防研制项目的规划计划与预算系统(PPBS),规定一定金额和一定重要性的项目都要纳入该系统进行管理。这是一个科学顶用的管理系统,对研制项目的评估、掌控和决策管理十分有效,各军种也都有自己的这一系统。由于进行了这些实质性的改革,使当时的装备发展科学管理发生了革命性变化,随之成功研发了一整代具有较高效能的装备和弹药,这些装备和弹药不少后来都经过了作战使用考验。这些改革成果的作用,一直延续到现在。

装备技术的突破性发展,总是对科学管理提出新的更高的要求,这是客观事物的发展变化规律。自世纪之交以来,随着互联网、大数据、人工智能、量子通信、高性能低功耗芯片和脑机链接等新技术的出现,推动武器装备向着更高信息化、自动化、无人化、人机协同、互联互通、互操作等更高效能方向发展,随之发生的是战场态势的变化,如图3-47所示的空地一体战、空海一体战、多域战、全域战、去中心化的分布式战场等作战样式被提出来了,利用马赛克概念研究新战法,提出了一些新颖的战争形式,这反过来又对武器装备提出了新的要求,大量关键新技术和具有强大功能的各类看不见、摸不到的软件需要研发,这些都对管理工作提出了空前的挑战。各种武器装备平台要求速度更快、机动性能更好、更加隐身、可靠性更高、弹药更先进和仍在抓紧研制的激光、粒

分布式作战想象图

联合作战想象图

空地一体战示意图

分布式作战概念与管理
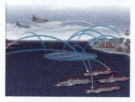
分布式作战示意图

空海一体战示意图

图 3-47 部分现代战争的战场态势示意图

子束和微波等新概念武器,图 3-48、图 3-49、图 3-50 所示分别是美国还在研制的用在六代机的自适应变循环发动机、微波武器示意图和电磁脉冲弹简易构造图。目前科学和技术状态情况下,要做到这些,必然隐藏着更大的风险,无疑对科学管理提出了更高的要求。

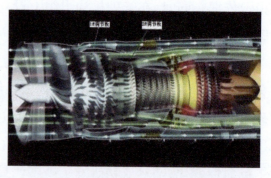

图 3-48 美军正在研发的计划用于六代机的自适应变循环发动机

图 3-49 微波武器示意图

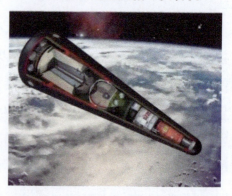

图 3-50 电磁脉冲弹

在这种形势下,研发方案优化工作的复杂性和难度都大为提高。正是在这个新的转型期形势下,美军投入了巨资研发先进的新型武器装备,结果是新上研发项目大面积降性能、拖进度和涨费用,更是出现了不成功的最差五型装备,这又是一次惨痛的教训。促使美军认识到了审视更高阶段的新技术、新装备发展应进行新的采办管理改革。

历史经验证明,跨代新型武器装备研发方案的优化,首先必是管理体系的优化,如果缺乏经百般权衡优化而得出的先进科学和实用的管理体系,要想得出重大项目的最优研发方案是很困难的,针对这方面的经验教训,在面对装备技术巨大变化和频出问题的新形势下,对管理体系进行了多方面的大力改革。从目前情况看,还没有发现比较深入系统的报道,但从看到的情况分析,可以归纳为下述三个方面的改革内容。仅从以下这些改革已可以看出,虽然近几届美国总统、国防部长、参联会主席对现代武器装备采办没有表现出具有重大效益的改革,但也还是重视的,并提出了一些具体改革措施,美军的这些改革已显示出了一定的力度。

一是在武器装备的重大转型中,提出了新的管理理论和方法。目前,美军武器装备发展管理理论仍然强调必须遵循传统的系统和系统工程、全寿命管理、效能分析、风险分析和费用分析等理论方法,这些理论方法是几十年来的武器装备发展指导思想,目前仍没有过时,新形势下只能进一步加强,更好地应用。同时,根据新技术的大量出现和复杂灵活的特点,提出了一些新的管理概念和方法,比如,提出了贯彻基于能力的策略,在螺旋式发展和递增发展模式下,更好地实行优化和渐进式的采办策略;为了保证研发装备的技术成熟度,提出"均衡务实"的国防政策,对重要复杂研发项目的新技术要采取多次更迭的方法;对过去一律按统一规定运作的"瀑布式"研制程序,要根据项目特点不同,进行研制程序优化,实行批次管理,如美国国防科学委员会于2009年向国防部长提交了《信息技术采办政策与程序》的报告等;2003年,美军进行了一场"需求"革命,联合需求监督委员会改变过去自下而上的需求生成机制,采取自上而下的需求生成模式,使所采办的装备一开始就考虑联合作战问题,使其具有天生的联合性,以满足一体化作战的需要。这些问题都是在武器装备向信息化、智能化和无人化快速发展形势下提出来的,是新技术对现代科学管理提出的客观需求,是科学管理观念的进步。

二是进行管理机构和职能上的改革,以适应武器装备快速转型中科学管理的需要。这方面的改革,如2005年11月美军成立了国防业务转型局,将原来比较分散的国防业务现代化项目交由该局统一管理。2016年以来,美国进一步大力发展人工智能技术,先后发布了《为人工智能的未来做好准备》《国家人工智能研究与发展战略规划》《人工智能、自动化和经济》等多部白皮书。2016年年底,美国国防部国防科学委员会发布了题为《自主性》的研究报告。2018年5月,白宫科学和技术办公室宣布组建"人工智能特别委员会",以向美国政府提供人工智能研究与发展建议。2018年6月,美国国防部研究与工程副部长万克尔·格里芬签署发布《数字工程战略》,旨在实现武器装备采办全寿命周期的数字化与可视化,大幅提高武器装备采办效率与效益,迎接智能军事化时代的到来。与此同时,也对研究和管理机构进行了精心的优化与配置,如2018年,经国会批准在国防部成立了"联合人工智能中心",专门从事人工智能的军事应用研究,并推动信息技术、计算技术、微电子技术、超微细工程技术等向更高层次发展,还有更先进的脑机接口技术,图3-51为脑机接口技术的简略发展历程,图3-52为脑机接口技术军事应用潜力与挑战示意图。"联合人工智能中心"很快组建和开展了工作,该中心主要负责和监管美国国防部、各军种和战区的人工智能项目,对该中心寄予厚望,欲将其发展成为类似桑迪亚国家核研究实验室那样的科研单位,特别是能肩负起领导和协调军队与国家工业机构在人工智能领域的科技研发和装备采办,破除各种壁垒,联合全军和17家情报机构的力量,共同推进人工智能项目,以保证美国在该领域的技术优势。该中心成立时,美国国防部共有592个涉及人工智能的项目,除特殊情况外,大部分都要纳入该中心经管范围。美国国防部高级研究计划局(DARPA)无疑也是美军武器装备智能化研究的计划和组织管理者,并已宣布推出了若干研究成果,包括探讨脑机接口的军事应用前景,DARPA在美军装备的技术创新工作中是起主导作用的机构,专注于高价值、高效益、高风险的前沿军事技术项目研究,该局由顶级技术专家和项目高管组成,各军种也设有相应的机构。各军种是许多具体项目的承担者,各军种研究室都有数千研究人员,大部分是文职人员。这里仅举的已发生的部分事例,说明美军为适应武器装备转型发展所进行的管理改革力度是很大的,这方面的工作仅仅是开始,这些事件大多发生在2016年以后,随着智能化装备研发工作的深入,必将总结出新的经验和问题,不断推出新举措,管理体系也必将进一步优化和改革。

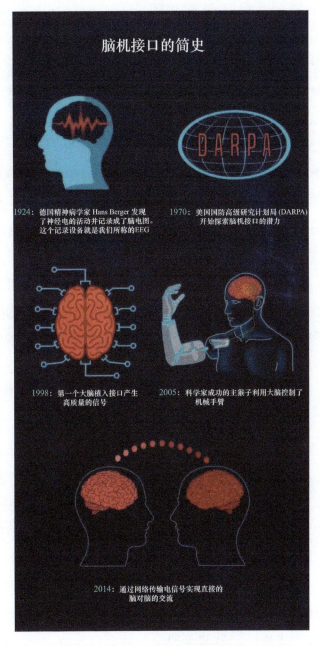

图3-51 一图看懂脑机接口

三是对管理运行程序和重要文件具有新意的较多修改。曾被称为"无形的杠杆"的规划、计划与预算系统(PPBS),自1961年创立后,对资源的合理优化配置、制定武器装备的长期规划、中期计划和年度预算方面发挥了重要作用,特别是解决了当时三军盲目争夺经费及实行战略目标和资源投向的统一平衡问题,较之运用这一系统之前,显著提高了资源配置的科学性和合理性,获得了空前的武器装备发展效率和效益。但在运行了几十年之后,由于许多纳入 PPBS 管理的项目新技术不断增多,复杂性越来越高,研发项目投入运行后技术状态等难以掌控,美军武器装备建设也从"基于威胁"向"基于能力"转变,国防部相应改革了资源分配流程,这种新形势下 PPBS 的重投入、轻产出的管理模式显然不能适应新形势的需要,于是在 2003 年提出了新的规划、计划、预算与执行系统(PPBE)代替 PPBS。

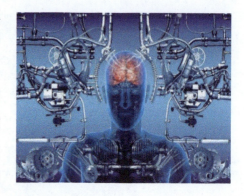

图 3-52 脑机接口军事应用的潜力与挑战示意图

这也是一项重大的改进,在原系统基础上增加了执行管理部分,而且对执行管理部分做了许多具体规定,特别是规定了对执行情况要进行评审,对绩效进行度量,确定资源是否得到了合理配置。评估工作每季度进行一次,最终要形成国防部年度绩效报告。

对国防采办的纲领性文件也进行了重大修改,这里主要指 5000.01 指令和 5000.02 指示,最初该系列文件的创立主要是总结机械化和信息化初期年代的经验,后来为适应装备的发展,几经修改,特别是 2003 年进行了大幅修改。2008 年,在出现严重"降拖涨"情况下,又出台了新版 5000.02 指示。2015 年,为适应信息技术的快速发展和智能技术的到来,又进行了较大修改,发布了更新版的 5000.02 指示,更加灵活地提出了六种采办程序。2017 年,又进一步做了修订,对这次变化为了提示执行中给以应有的重视,所有调整变化的内容还都用红色字体标出。这些变化都足以说明突破性新技术和转型新装备的研发总是对科学管理提出更高的要求,武器装备管理体系必须与装备技术的发展相适应,才能获得武器装备研发的效率和效益。

总的来说,美军这次武器装备管理体系的优化改革,已经有了很明显的进展,有些改革还体现在经议会通过总统批准的国防授权法案中。从各方面分析可知,改革仍将继续下去,因为有些方面还没有改革到位,也不可能一劳永逸。从上述分析可以看出,现代武器装备管理体系是一个科学的系统,它依赖于科学技术和武器装备的发展,又为武器装备的发展服务,二者之间互为依存,又互相促进,动态平衡是二者最本质的关系。

在经过了 70 多年的建设和不断优化改革,美军基本建立起了现代武器装备的管理体系,到目前为止,这个管理体系主要体现出了三个特点:

第一个特点是具有一定的科学性和先进性。科学性是因为这一管理体系是从美军武器装备发展长期实践的管理工作中总结出来的,特别是管理工作中的反面教训对这一体系的形成贡献更大,吸取经验和教训后,管理工作随之就出现了新的起色,也使武器装备的发展出现了新的局面。这一体系的建设能够排除其他干扰,紧密结合武器装备技术的特点进行,体现了武器装备发展对科学管理的客观需求,这是科学管理事业发展的客观规律。先进性是因为这一科学管理体系建立的理论方法,指导着世界上最庞大的先进武器装备的管理,经历史证明,基本上是科学有效的,当然,这些理论方法尚有待进一步完善。

第二个特点是这一体系构成较合理,功能较完备。这主要是因为,一方面这个武器装备管理体系具有相应的理论基础和指导思想,有比较系统的组织管理机构和比较系统的管理文件;另一方面,这一管理体系基本上可以承担起美军的大体量、多门类的武器装备的基本有效管理,从基础研究直到多类别装备研发和使用、退役的全过程管理,基本均达到了有序进行,体现了较完备的管理功能。

第三个特点是这个管理体系具有不断完善的进步机制。美军采办管理也经常犯错误,有时还是比较严重的错误,如曾经的三军分散管理具有很大共性的项目和自下而上的生成需求等,造成了各自为自己军种争夺经费和严重影响效益的问题,管理层认识到问题后,采取重要研发项目自上而下生成需求的机制,使问题基本得到了解决;随着新技术的出现和武器装备复杂性、先进性的提高,适时优化管理机构,以实现更科学的管理;当法规、机构和研制程序变化后,及时修订有关管理文件,以做到在新形势下有法可依,有章可循,顺利开展工作等,这些都表现出管理体系基本上能适应科学技术的发展,满足武器装备技术不断进步的需要,具有一定的自我完善机制。

世界上其他 100 多个有武装力量的国家的武器装备管理可用两类情况予以概括,一类是有一定研发能力,且具有相当规模和某些方面先进性的国家。这类国家主要有美国、俄罗斯、日本、英国、法国、德国、印度、以色列、意大利、瑞典、荷兰、伊朗、韩国、朝鲜、澳大利亚、加拿大等,其中具有航母的约有 10 个国家。这些国家在某些方面武器装备的发展是很先进的,管理上也有可取之处。从武器装备上讲,如俄罗斯的几型高超声速导弹、攻击型核潜艇、核战略导弹核潜艇、几型战斗机等;日本的几型舰船和机器人;英国的航母、核潜艇和战斗机;法国的航母、核潜艇和战斗机;以色列的近程防空导弹和无人机。俄罗斯、英国、法国等五常拥核国家中,俄罗斯的核力量基本与美国等量。已成功研制了原子弹的国家还有法国、英国、印度、巴基斯坦和朝鲜等,这些国家也都建有武器装备相应的管理机构,也各有所长。但从目前和未来起码二三十年的时间看,这些国家在武器装备规模和先进性方面总体上比美国还有明显差距。在管理体系的完备性和先进性方面和美国比也有明显差距,特别是在大型复杂武器系统研发的科学管理上差距较大,如大型现代化航母和陆基中段反导系统等,图 3-53 为各国部分航母比较略图,图 3-54 为陆基中段反导示意图。大型复杂武器系统的研发尤其需要先进的管理体系进行管理,落后或一般的管理体系是无法完成大型先进武器系统的科学发展任务的。这是不应有丝毫怀疑的客观规律。第二类情况是基本没有研发能力的,只靠购置其他国家武器装备组建和维持国防力量,这类情况此处不作更多评说。

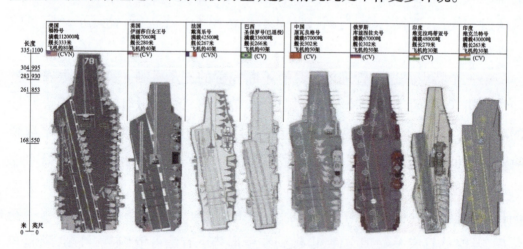

图 3-53　各国部分航母比较略图

需要进一步分析的是,虽然美军武器装备管理体系处于较先进水平,但也有诸多明显不足,有些问题是比较严重的,最主要的有以下几点:一是近年来的改革明显滞后,如自下而上生成需求机制已经出现很严重问题了,才决定实行自上而下的生成机制;"拖、降、涨"已经形成普遍性问题了,才着手制定某些改进措施,信息技术、智能技术、无人技术等融入装备研发与以前机械化装备

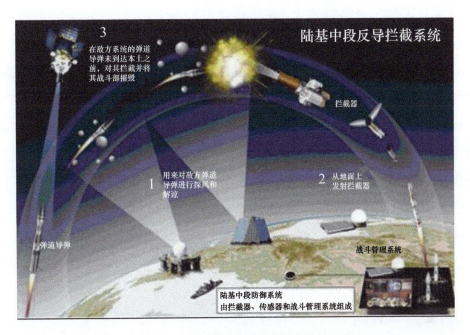

图 3-54　陆基中段反导拦截系统示意图

的研发特点明显不同,也是出现了很多问题后才分门别类制定管理程序;大型先进复杂系统的集成问题,更是如此,当形成问题已经固化到装备中去了,才不得不承认问题的严重性,结果被认为是研制的最差装备,除福特级航母、F35、DDG1000、濒海战斗舰和电磁炮外,其他有些大项目,像反导系统 NMD、TMD、激光、粒子束等定向能武器、高超声速导弹、F22、B2 等,也都够不上顺利成功的项目,没有见到报道的一些中小项目也会有不少。而且,这方面的问题频出之后,虽然进行了一些改革,但并没有出台切实有效的措施和应有的改革力度,科学管理总是比技术进步滞后。二是美军的武器装备体系虽然有较好的理论基础做指导,这算是已有优势条件,但在武器装备大幅向自动化、信息化、智能化、无人化和马赛克概念新战法广义高集成转型过程中,并没有推出更新颖的管理理论,没有在科学管理如何要适应新技术装备发展方面有系统明确的管理理论创新,前面提到的只能算是一些零星的改革。三是在研发过程的一些节点,特别是在重大武器系统的里程碑式的重要节点上,让一些不成熟技术进入了下一个研发阶段和工序,这实际上增加了后序阶段的风险,这种情况并不少见。四是某些高层管理人员变动太频繁,这对先进复杂大项目的研发是很不利的。五是对一般采办管理和研发人员的培训不到位,目前,对转型武器装备的研发更需要有创新精神的复合型人才,及时交流经验教训,在这方面也明显不够。六是对技术、进度和费用的研究很不到位,大批项目超支、拖进度,技术上不能达到初始设计要求,说明立项初期对技术风险就研究不深,也没有留有余地,结果是一路研发,一路不断暴露风险,这是研发中很棘手的问题。对费用的分析计算比较粗放,重要高技术装备研发项目高比例大面积突破预算,这几乎可以用过于马虎予以形容。由于上述等原因,使美军的重大转型期复杂系统研发屡屡不顺,酿成了第二次世界大战以来美军发展武器装备的第二次惨痛教训,而且尚未发现有新的重大改革举措公布。

总之,建立科学的现代武器装备管理体系是一项艰巨的工作,需要结合武器装备发展实际不断优化,在研究有关国家的武器装备管理体系时必须全面看待问题,正确认识正反两个方面。实践和理论都证明,没有真正适应客观需要的科学管理就没有现代化武器装备,所以,根据客观条件和技术潜力,认真优化建立科学管理体系,始终是发展装备不可忽视的重要任务。

3.2.3 结论

在武器装备处于重大转型期的新形势下,仅靠传统的管理经验是远远不够的,管理体系必须在理论、机构和系列文件建设上适时优化创新,不然则可能仍沿用机械化时代传统做法,机械地执行规定程序,按部就班进行,不是自觉主动把握良好机遇,争取战术技术指标和可靠性增长,这样一来,最后交付的往往不可能是可靠顶用的优势产品。

在现代武器装备研发领域必须形成自己的文化,这个文化就是乐为文化和先进思维文化。作为一个具有自主研发能力的军事强国,其从事武器装备研发、生产和维修的军事工业和军方采办管理体系是一个关系到国家安全的崇高伟业,其重要地位不言而喻。对于这样一个具有相当军事科学和技术水平的领域,除了按照国家有关法律、政策和军队有关条令条例等进行武器装备发展外,必须具有本行业的特色意识形态文化,即乐为和先进思维文化,这种文化是事业发展的根基,如果这种意识形态能像刻在大脑里和溶化在血液中那样时刻起作用,那么实际效果就会大不一样。

由于新技术的层出不穷,现代武器装备也越来越复杂,新技术的大量应用,一方面可使新型武器装备作战能力大幅提高,但另一方面却可能由于太多新技术的应用而增加研发过程的不确定性,以及交付部队使用后难以预料的一些问题。在研发过程中,特别是大型复杂武器系统的研发过程,参与人数众多,遇到的技术问题也很多,项目立项时论证得再认真,也不能将所有问题都考虑周到,在遇到这些问题时,有关人员以什么态度对待和处理,最终得到的结果是大不一样的。如果在遇到各种问题时,只是按照常规程序和文件中提到的内容去做,而本来可以做得更好而不去做;文件中没有提到而实际工作中却遇到了新问题,也不主动想办法解决,类似的问题积累多了,最后的结果可想而知,如果参加研发的每个人对武器装备发展事业都能乐而为之,并以先进的科学思维对待所遇到的每个意外发生的新问题,不受名利等干扰,人们有了共同的文化观念,就会主动思考和解决所遇到的问题,彼此也更容易协调,问题自然就会得到解决。

某种先进文化一旦形成,就会引起一些人的兴趣、爱好而专注于这一事物,并得到传承和发展。被称为航天之父的齐奥尔科夫斯基,奠定了喷气动力和火箭理论基础,并在他的国家得到了传承和发展,使苏联在世界上首先发射了远程火箭,发射了第一颗人造地球卫星,直到目前,俄罗斯的航空航天发动机和高超声速导弹也仍处于世界先进水平;莱特兄弟发明了有动力飞机,并建立了飞机制造业,自那时起,航空爱好者不断涌现,直到现在,美国的军用和民用飞机发展仍走在世界前列。类似的例子很多,不仅是技术上的发明,也会形成一种文化,一种新的先进的文化。这种优质文化一旦形成,便会产生不竭的创新动力。

这里所阐述的先进思维文化也属于一种哲学和社会科学范畴,现代武器装备采办管理正是社会科学、自然科学、先进技术、系统工程的紧密联系和综合运用。

第4章　建立融入先进文化的现代武器装备采办科学管理体系

4.1　概述

4.1.1　建立现代武器装备采办管理体系的意义

人所共知,发展武器装备需要三个最基本的条件:经费、技术和管理,这三个基本条件中,一般人认为有经费就可以了,技术的重要性也容易理解,最容易忽视的是科学管理。但历史经验证明,经费是必要条件,但不是唯一条件,真正的科学管理工作可以充分发挥经费的作用,使武器装备发展产生高效益,起到无形杠杆的作用;而落后的管理则会使经费得不到科学投入,效益低下。这已被所有军事强国的武器装备研发管理经验教训一再证明。这里仅举一例,20世纪七八十年代是当时美苏冷战时期,争夺世界霸权最激烈时期,双方都投入了大量军费发展武器装备,在一段时间内,双方投入的经费基本相当,还有数年时间苏联的军费都是超过美国的,如1976年美国的军费是910亿美元,而苏联达到了约1200亿美元。双方在采购的武器装备规模方面不相上下,种类也都比较齐全,先进性方面各有长短。但是,由于美军进行了重大采办管理体系改革,建立了先进的管理理论和方法,编制了大量规范采办行为的文件,突出了控制风险和讲效益等思想,结果研发出了一批具有较好效费比的武器装备,特别是在系统性很强的大型武器装备的研发方面,先进的管理体系显示了更明显的优势。20世纪70年代初,美国已成功研发了尼米兹级核动力大型航母,并实现了载人登月等,而苏联虽然在某些技术方面也很先进,但在先进大型系统方面的研发工作却出现了乏力现象,如从20世纪70年代开始大力研发航母,经费投入并不少,结果却是一路坎坷,始终没有研制出一艘成功的航母,载人登月甚至连计划也难以做出就放弃了。这足以说明,极为复杂的高科技系统必须有足够先进的管理体系进行研发管理才有可能成功。所以,对建设武器装备先进管理体系的意义必须有足够的认识。

4.1.2 现代武器装备采办管理体系的组成

先进的现代武器装备管理体系主要由四部分组成,即先进的管理理论和文化,科学高效的管理机构,系统完备的采办文件,先进实用的现代化管理手段。这四部分组成了一个有机的整体,其中任何一个部分都不能忽视,理论和文化是这个体系的基础,管理机构是主体,采办文件是机构行为的准绳,管理手段是提高工作效率的工具。一个先进成熟的采办管理体系,在上述方面应是比较成熟,具有良好的建设经验,并具有随着科学技术发展不断完善的机制。

4.2 建设现代武器装备采办管理体系

4.2.1 加强理论和文化建设

如同其他领域一样,武器装备科学管理理论总是来自实践,同时又在实践中得到检验、应用和发展的。在冷兵器时代,不可能需要多么复杂的管理,在第二次世界大战以前,由于武器装备的系统性和科技含量不高,采办风险较小,人们也没有感觉到采办工作有多么复杂。第二次世界大战后,特别是进入20世纪五六十年代,科学技术的发展突飞猛进,大量的新技术在武器装备发展中得到了应用,并不断展现出新的发展前景,再加上冷战时期美苏之间的激烈争夺,导致美军追求武器装备高性能指标的欲望不断加强。与此同时,人们从来没有遇到过或较少遇到过的问题也大量出现了:研制项目严重超支;进度一再拖延;有些项目研制过程中难以达到设计指标要求而不得不被中途终止;

产品的可靠性差,导致使用和维修保障费用出乎预料地增长;大家争上新项目的结果导致重复研制,使客观现实往往和主观愿望相反等。这种武器装备采办的混乱局面不但造成了经费的极大浪费,而且打乱了发展规划和计划,严重影响了武器装备的正常发展。

在经受了这些深刻的教训之后,有人开始思考是什么原因导致了这些现象的产生。经过深入分析研究,人们逐渐认识到,在大量新技术应用于新装备发展时,装备的系统性、复杂性、先进性迅速提高,要求在管理上必须淘汰旧观念,改革旧体制,用新的思想来指导装备发展。于是逐步总结和应用了一系列新的采办管理理论和方法,迎来了国防采办管理理论发展的新时代。

经深入研究和总结,提出了可用来指导现代化武器装备发展管理的系统和系统工程管理理论以及规划与计划理论、效费分析理论、多目标决策理论、控制理论、优化理论、评估理论等。

除上述属于对管理层需认真研究的基础性管理理论外,还有技术层面的武器装备全寿命管理理论、费用分析理论、价值工程理论、可靠性理论,以及限额费用设计法、风险管理、标准化管理、质量管理、技术状态管理、企业管理等理论方法。

这些理论方法是一个互相联系的整体,又各有独立的内容,具有很强的实用价值。在武器装备研发实践中,凡是比较成功的案例也都是这些理论方法应用得比较好,否则肯定是在某些方面应用上出现了问题。美国等国家有不少先进高科技武器装备研发得不够成功,有的甚至是失败项目,都可以认为与没有很好运用这些理论方法有直接关系。要充分认识到这些理论方法是复杂和科学的,是从大量经验和教训中总结出来的,是必须遵循的,用得好坏是大不一样的。

上述讲的基础理论与方法是指导人们对现代武器装备属性的认识和理解,以及对研发管理工作特性的认识与理解,而先进文化是对现代武器装备研发和管理工作的态度和如何用先进思维去解决工作中所遇到的实际问题,广义地讲,这里所研究的先进文化也是理论范畴的问题。

现代武器装备管理理论是来之不易的,而建立先进文化更加不易,因为即使人们进入了这个管理体系,其文化观念仍然受传统文化观念的束缚,很难在短时间内树立起先进的文化观念,所以要采取一系列措施,不遗余力地争取尽早建立先进文化,只有做到了这一点,才能符合现代武器装备采办管理工作的需要。

4.2.2 建立高效的管理机构

1. 管理机构

管理机构是采办管理体系的主体,但一般来说是组建易,优化组合难,高效运行更难。有的国家虽然建有管理机构,投入也不少,但是先进武器装备的研制却问题频出,屡拖进度,就像美国国防部的武器装备采办机构,不但规模庞大,而且经过多次优化改革,但对现代重大采办项目的管理总是难以达到预期目的,说明把机构组建起来容易,真正做到高效运行需要做很多工作。

对管理机构的建设必须遵循以下原则:一是组织健全,现代武器装备先进和复杂程度越来越高,各方面的事情都要有分工单位去管理。二是单位和个人职责明确,从决策层次分析,最高层决策只负责几个主要指标,如主要能力、所需研发总费用、研发周期、预期服役年限和标志性新技术的成熟度等;中层决策指标更具体了,如进一步细化的战术技术指标、主要系统与设备选型、主承包商和主要分承包商选择、研发程序和重要节点的各项管理目标等,主要责任人要负责具体技术的成熟度与集成管理,严格控制风险;基层负责最底层的技术、费用、进度和可用性细节。三是管理机构体系内有良好运行机制,评审、监督、决策、执行等功能齐全,且按照一定的程序适时进行,防止主要管理目标和战术技术指标失控。四是对管理机构不断优化改革,当以下情况出现和变化时,便应考虑管理机构的改革,需要增加新的管理职能:新型武器装备的研发或增加完全新型的系统,改用了重要的新技术或新材料;重大政策和管理手段的变化等。通过组织落实,确保装备在研发中无缝隙管理,在平时无缝隙维修,在战时无缝隙保障,在作战中无缝隙链接。总之,应始终保持管理机构对现代武器装备技术发展变化的适应性。

2. 人员培训

采办管理人员队伍素质建设是整个管理体系建设的重中之重。首先是采办人员的选择,根据大量事例分析可知,凡是有创新意识的人,一般在少年时代就会有所表现,但对这种情况在实际录用有关采办人员和研发人员工作中很难考察清楚,因此,只能按规定选用某高校、某专业和有任职经历的人员。最主要的是对人员进行不断的培训,使其具备应有的采办和研发管理素质。培训的内容主要包括三个方面,这里只能极为简略地概括分析。

一是采办管理理论方法和文化。通过这方面培训,结合现代武器装备特点,使其在了解现代管理理论方法的基础上,才能更好理解采办管理工作的特点,才能更好适应采办工作。管理理论和方法从字面上并不难懂,但深入理解比较困难,要在具体工作中真正做好就更加不易。所以,除少数基础和纯技术内容外,授课必须由有经验又有理论造诣的人承担,强调理论联系实际;对该领域应具有的先进文化的培训难度更大,但这是让该领域人员建立先进文化的重要手段,请一些有发明创造的优秀的武器装备研发人员、采办人员现身说法宣传先进文化。这些培训工作不能一蹴而就,而是必须长期进行,多种手段进行,反复进行。

二是对采办管理职能和研发业务管理培训。首要培训的是国家和部队制定的有关采办文件,其中关于法律、政策、程序、工作职责等,这方面培训的共性内容应采取授课、报告、研讨等方式进行,还可以采取以老带新、实习、挂职和模拟仿真等方式。因为属岗位培训,所以,培训工作的某些内容应结合具体研发项目进行。如结合某研发项目培训时,应深入分析项目的技术特点、进度评估、费用估算、风险识别和各因素控制等项内容,从而加深对采办管理工作实质性的理解。培训方法应灵活实用,培训内容有主有次,中心问题是以提高采办工作人员素质为宗旨。

三是新技术新装备培训。在新技术新装备不断出现情况下,该项培训是十分必要的。新型装备使用的新技术有什么特性,起什么作用,对提高作战能力有多大贡献,效费比如何等,新型装备与母型或前型装备有何异同,研发的难点和关键技术有哪些,总体效费比如何,使用特性有何变化等,都应该有一定的了解。采办管理人员必须了解这些才能实施有效管理,不能要求采办管理人员会具体论证、设计和制造产品,这不现实也没必要,但必须有一定程度的了解,所谓一定程度就是从基本原理和结构上知道是怎么回事,研发中哪些环节可能有风险、有难度,这些都是管理工作所必须有一定程度了解的,对不是本专业但是又有联系的内容起码应具有科普性的掌握。

对培训教材的选用,一是现成的文件,这是必须学习的,特别是新任用人员;二是对比较成熟的理论性内容可编写专用教材,由有实际管理经验的人编写,不宜选用社会上的通用出版物。教材编写应结合现代武器装备实际深入浅出地阐述道理,并适当编入案例。书中的例证常是理论通往实际的桥梁,对此应有足够重视,有无实际水平则往往可看其能否编拟出通俗的例题;还有一部分教材则可以选用有关的报告、讲话、文稿等,或专请有关人员做专题讲授。总之,所有的培训必须坚决防止只介绍空洞的理论,一定要强调理论联系实际,以使接受培训的人真正理解所讲内容为唯一目的。对这类实践性很强的课程,空洞地授课毫无意义。

美国国防部专门设有国防采办大学,是根据美国法律和国防部指令5000.57授权,于1992年8月1日,组建成立的高等教育机构,其任务就是统一组织美国国防部采办人员的教育培训,以提高采办人员的素质,使这支队伍能够胜任美国庞大的国防武器装备采办任务,不断提高美军作战能力。各军种也有自己的采办培训机构。

美国国防采办队伍培训工作已经运行了几十年,美军早在1976年就成立了国防系统管理学院,1992年改为美国国防采办大学,努力大量培训采办人员,经过不断改革和完善,已发展得较为成熟,主要体现在以下几方面:一是为满足岗位需要实行多层次培训;二是课程体系较完善,培训课程多达近百门,继续教育课程竟有200多门,内容随装备发展和采办政策变化更新;三是教学方法灵活多样,线下与线上结合,授课与研讨结合,理论与案例结合,集中与分散结合,讲述与模拟结合,现场与可视化结合,教师与学员结合等多种教学方法;四是考核制度健全,根据作业、考评和论文等作为学习成绩,有的可获取学位;五是利用其他资源合作办学,以补偿本身教学资源的不足;六是重视师资队伍建设,教职人员都是有一定理论功底和实际采办工作经验的专家,对师资也规定有考核和适时提高的制度。采办和项目管理的师资力量最为雄厚,人数也较多,占比较大。

美国国防采办大学的不足之处主要体现在三个方面:一是基本理论教学还不够深入,包括武器装备系统理论和发展规律理论,新技术由发现、发明和创新到成熟的理论,这方面的内容具有一定共性,基础性内容应加强。二是课程分类太细,有些琐碎,分散教学容易就事论事,不利于举一反三和触类旁通的系统性理解,也不利于复合型采办人员的培养。三是缺少对采办领域先进文化方面的培训,只是在有的培训内容中略有涉及。现有培训内容大都是武器装备采办知识性和工作方法的培训,先进文化培训是使受训人员提高对采办工作的认知态度和先进思维,有了乐为态度就会主动自觉、精神贯注、淡泊名利、不怕困难地投身工作,并善于用忧患、系统、效费、优势、创新、优化等思维观念解决所遇到的困难。采办人员有了这种文化素质,工作效果必定是大不一样的。从美军近年来在研发一些重大型号武器装备所出现的问题中,也可以分析出先进文化培训方面肯定是有些跟不上形势的发展。

4.2.3 科学编制管理文件

所有军事强国都非常重视国防武器装备采办文件的编写,因为采办机构和人员是要按照文件的有关规定从事工作的。美军关于武器装备发展建设方面的文件系统广泛而繁杂,多达数千份之多,包括应遵循的联邦法律法令,军内文件大致可分为三类:即指令性、指示性和指南性文件。指令性文件是硬性规定的,必须认真执行;指示性文件也要认真执行,但有一定的灵活性;指南性文件只作原则性规定,灵活性较大,有关人员要在认真理解基础上,结合实际情况完成相应任务,执行这类文件最容易产生简单应付现象。有了先进合格的文件,才有可能研制出先进合格的武器装备,当然有了合格文件也不一定做得很好;但是,没有合格的文件,就不可能研制出合格的先进产品,这已被国际上现代武器装备发展历史一再证实。

(1)一系列采办文件的编制应遵循以下注意事项:一是机构的设置与职能,必须与国家的国体和政体相适应;二是必须与武器装备发展的实际情况相适应,要求不高或过高都不利于贯彻执行和武器装备研发工作;三是必须与采办管理队伍实际的管理水平相适应,管理水平的提高是渐进的和动态的,要有一个过程。

(2)编写的内容应系统全面,处理好重点和一般的关系,理论和可操作性的关系,如下列内容应重点编撰。

①国防武器装备采办管理的目的、意义。

②国防武器装备采办活动中需遵守的国家法律、法令和政策。

③武器装备采办的管理机构分级及职责,管理机构包括总部、各军种有关

机构和个人,以及军代表局、项目主管、一般军事代表。

④对军工企业的政策。

⑤如何运用好竞争机制。

⑥如何做好采办人员培训工作,使采办理论业务和文化素质不断提高,建立一支真正胜任先进武器装备高效采办的队伍。

⑦采办文件应大致分为三类:第一类是硬性规定必须坚决执行的;第二类是虽要执行,但为了做得更好而可以有灵活余地的;第三类是在理解道理基础上执行的。这类似美军的指令性、指示性和指导性文件。

(3)以下问题的管理应在文件中予以强调:

①必须规定只有成熟技术才允许进入系统,如研发的是大型武器装备系统,有的个别技术可在未来预估时间内成熟后进入系统的,必须经过充分论证让有关方充分了解并留有余地。

②应高度重视大型武器系统的各分系统和设备的集成风险,尤其是大量新系统和设备集成风险必须经充分演示验证,否则不允许直接进入整系统装配。

③任何项目都要进行风险分析,作为研发项目的主要性能、可靠性、进度和费用指标,都要给出风险评估值,不允许大比例和无止境地降性能、拖进度和涨费用。

④对重要武器系统研发过程中若出现事先未预料到的重大技术风险,应终止该项目研究,并另辟蹊径,不允许烂尾大型项目的出现。对风险的监控应常抓不懈,及时发现,及时评估,及时解决。

⑤基础研究、应用研究和预先研究类的项目,关系到武器装备长远发展的,也应纳入文件之中进行统一管理。

⑥新型武器装备研发过程中,相关人员始终围绕新技术成熟、性能达标、进度和费用可控展开工作,随时发现问题,随时解决,而不是出现严重问题后被动处理。

⑦在研发过程中,始终以研发全过程和服役全寿命视角观察和分析问题,以保证武器装备的成功研发,使其可靠顶用。

⑧重视费用分析,特别是先进大型武器装备,费用计算工作很复杂,尤其是新技术密集型武器系统更是如此,必须下大力气做好这方面的工作。常出

现大幅超支、盲目投资、边研究边投资的现象都是管理落后的表现。

⑨应反复强调采办人员必须牢固树立全系统观念、全程观念、全寿命观念、效能观念、优势观念、创新观念、优化观念等先进文化思维,有了乐为态度和这些思维观念,一定可以主动解决许多研发工作中所遇到的问题。

⑩文件编制得再好,也不可能一劳永逸,因为新技术新装备在不断发展,执行过程中也会发现一些新问题和创造一些新经验等,都应纳入文件修订中。执行一定时间后,采办管理文件一般就应该重新修订,以更加适应新形势。特别是近年来,智能化和自主系统的发展,多域战、全域战、分布式等战法的提出,新技术不断得到应用等,都对装备发展管理工作提出了更多和更高的要求,管理文件也应不断地提高其完善性、科学性和适应性。

⑪应建立适应采办管理领域人员的考评制度,这一问题的重要性无需言表,考评的目的是提高采办水平。在制定这一制度时应充分考虑,不能用一些琐碎的事情分散和干扰他们的精力。一般来说都应该在生活上给予良好保证,让他们一心一意考虑项目采办质量问题。

⑫其他应强调的内容。

以上内容应在有关文件中以相应的篇幅予以强调,有的甚至可反复提及。经验表明,有些问题尽管人们从道理上似乎都懂得,但在实际工作中却一再出现一些老问题,越是不易克服的问题,越应多加强调。

4.2.4 建设现代化的管理手段

现代化的武器装备采办管理手段也必须跟上科学技术和武器装备发展形势的需要,这是提高武器装备建设效益必不可少的重要条件,也是管理体系先进性的标志之一。这方面工作涉及的面很多,这里仅就几个人们容易关注的问题予以简述。

(1)应充分利用大数据、互联网、物联网、信息化和人工智能技术进行装备建设的全过程管理,告别简单的无纸化和数据库使用历史,逐步进入科学的应用时代,以进一步提高管理效益。

(2)在需要的范围内实行全系统、全过程信息共享,使用单位和个人均能及时了解到应知道的新信息,实行一定范围内的互联、互通、互助。有关人员了解到新信息后,有利于尽早研究应对策略。

(3)鉴于人工智能技术的快速发展和应用,可研究适合本系统使用的ChatGPT,紧跟人工智能快速发展的形势,充分利用人工智能进行武器装备发展方案优化、设计、制造、作战使用和维修的各类咨询和辅助决策,提高工作效率和质量。

(4)应重视装备发展全系统、全寿命的可视化建设和应用。从论证、设计、演示验证、设计更改、制造、试验鉴定、作战使用、维修、改装、退役处理的全过程有关内容进行可视化,可视化内容要优化选择,没必要过于庞杂。可视化工作不论对装备技术工作还是管理工作,都是不可或缺的。

(5)由于现代管理技术手段的先进性、复杂性和重要性,有必要设置专门的机构和岗位,负责这方面的建设工作。由于用于现代武器装备科学管理的系统、设备日趋先进,专业性很强,市场上很难找到完全合适的通用软硬件。所以,应结合具体需要研发适合专业需要的系统和设备,并根据需要和技术进步,适时改进和更新。

先进的科学管理技术手段建设也是一项长期的任务,由于技术和需求的变化,也应具有一定的应变能力。

如果将思路拓宽一些分析,似乎可以发现,美军对现代武器装备采办科学管理的改革指导理论与毛泽东军事思想存在着一定的共性,两者之间具有统计学中的交集关系,这说明人类社会复杂事物的存在和变化具有类似的规律性的本质。

总之,发展现代武器装备工作进行科学管理的意义已经显得越来越重要,这无疑也是客观规律的体现,是否科学遵循或违背这些客观规律,其结果是大不一样的。武器装备科学管理工作是在不断总结正反两方面经验中发展起来的,一蹴而就的事情是永远不存在的。面对不断涌现的新技术,既是挑战,更是机遇。其实对武器装备的管理工作,很早以前就提出来了,只是要求越来越高。早在美国独立战争时期,率领落后的美国战舰在与强大的英国军舰作战中屡建奇功,极具传奇性,并被誉为美国"海军之父"的约翰·保罗·琼斯,在美国海军制订初期发展计划时曾说:"我并不建议把我们的敌人(英国海军——编者著)作为全面模仿的对象。然而,由于他们的海军是世界上管理最好的海军,我们必须在某种程度上效仿他们,以期做进一步改革,使我们有朝一日与他们竞争甚至超过他们。"从目前情况看,美国军队规模最大,技术也比较先进,虽然仍存在不少问题,但总体上讲,管理水平是先进的。应研究他们在科学管理上的长短处,也要重视其他军事强国有关现代武器装备的管理经验,从而使自己的管理体系更加先进、完善和高效,以适应建立现代化强大军事力量的需要,这是一项艰巨和无尚光荣的事业。